Mohamed Salah Karoui

Les antennes réceptrices larges bande (ULB)

Mohamed Salah Karoui

Les antennes réceptrices larges bande (ULB)

Étude, conception et réalisation : application à la Bio-télémétrie

Presses Académiques Francophones

Impressum / Mentions légales
Bibliografische Information der Deutschen Nationalbibliothek: Die Deutsche Nationalbibliothek verzeichnet diese Publikation in der Deutschen Nationalbibliografie; detaillierte bibliografische Daten sind im Internet über http://dnb.d-nb.de abrufbar.

Information bibliographique publiée par la Deutsche Nationalbibliothek: La Deutsche Nationalbibliothek inscrit cette publication à la Deutsche Nationalbibliografie; des données bibliographiques détaillées sont disponibles sur internet à l'adresse http://dnb.d-nb.de.

Coverbild / Photo de couverture: www.ingimage.com

Verlag / Editeur:
Presses Académiques Francophones
ist ein Imprint der / est une marque déposée de
AV Akademikerverlag GmbH & Co. KG
Heinrich-Böcking-Str. 6-8, 66121 Saarbrücken, Deutschland / Allemagne
Email: info@presses-academiques.com

Herstellung: siehe letzte Seite /
Impression: voir la dernière page
ISBN: 978-3-8381-7559-1

DEDICACES

Du plus profond de mon cœur et avec l'intensité de mes émotions,

je dédie ce fructueux travail

A mon père & A ma mère

Qu'ils trouvent le fruit des sacrifices consentis

pour mon éducation et l'expression de mon amour filiale

et de mes reconnaissances infinies

Que cette récolte soit le témoin de ce qu'ils

espéraient de ma personne

A ma femme Ons

Pour les sacrifices endurés et les encouragements

A mes frères

A tous mes amis

A TOUS MES CHERS ET FIDÈLES

Mohamed Salah

REMERCIMENTS

Ce travail a été réalisé conjointement entre le Groupe de Recherche en Micro-Électronique et Électronique Médicale (MEEM) du Laboratoire d'Électronique et des Technologies de l'Information (LETI) à l'École Nationale des Ingénieurs de Sfax (ENIS); et le Groupe de Recherche en Architecture des Composants Électroniques (GRACE) de l'École Supérieure d'Électronique de l'Ouest (ESEO) dans le cadre d'une coopération entre l'ENIS et l'ESEO.

Il a été dirigé par Monsieur Hamadi GHARIANI, Maître de conférences à l'ENIS, et Monsieur Mounir SAMET, Professeur à l'ENIS et directeur de l'Équipe (MEEM). Je les remercie infiniment pour les précieux conseils qu'ils m'ont prodigués et l'effort qu'ils ont fournit pour mener à bien ce travail.

J'exprime ma profonde reconnaissance et toute ma gratitude à Monsieur Mohamed RAMDANI, enseignant chercheur, Habilité à Diriger des Recherches (HDR) à l'ESEO, et responsable du Groupe de recherche (GRACE) qui m'a accueilli au sein de son équipe de recherche et m'a permis d'effectuer mes travaux de recherches dans d'excellentes conditions ; sans oublier l'aide pécuniaire qui m'a fournit durant toute la période de stage en France.

Ses conseils, suggestions, soutien et recommandations ont énormément contribué à l'achèvement de ce travail.

Je tiens également à remercier Monsieur Lotfi KAMOUN pour avoir accepté de présider le jury de cette thèse.

Mes sincères remerciements s'adressent à Monsieur Ali GHARSALLAH et Monsieur Mongi LAHIANI qui m'ont fait l'honneur d'examiner ce travail et d'assurer la tâche de rapporteur.

J'adresse également mes remerciements à Monsieur Bilel BEN BOUBAKER, enseignant chercheur à l'ESEO, pour son accueil chaleureux, ses conseils, son aide, et pour m'avoir supporté dans son bureau durant toute la période de stage en France.

Je tiens à exprimer ma gratitude à Monsieur Hatem RMILI, post doctorant à l'ESEO, pour ses consignes, son aide précieuse, et son accompagnement dans mes premiers pas avec l'outil de simulation HFSS.

Je voudrais aussi remercier Monsieur Lakdhar BOUCHELOUK, post doctorant à l'ESEO, pour son soutien, ses conseils et ses remarques pertinentes qu'il a toujours su me prodiguer et qui m'a été d'un grand recours ; ainsi, pour son aide précieuse lors de la réalisation des prototypes.

Je profite également de ces quelques lignes pour remercier Monsieur M'Hamed DRISSI, Professeur et directeur de la recherche à l'Institut National des sciences appliquées de Rennes (INSA Renness) et Monsieur Erik MARZDOLF, Docteur Ingénieur à l'Institut d'Électronique et des Télécommunications de Rennes (IETR), pour leur aide et contribution dans la mesure des diagrammes de rayonnement des différentes antennes.

Mes remerciements vont également à tous le corps professoral, administratif, et technique de l'ESEO et de l'ENIS, qui ont participés dans mes travaux.

Enfin, je remercie toute personne ayant contribué d'une manière ou d'une autre à l'aboutissement de ce travail de Thèse.

Sommaire

Chapitre III : Conception et Réalisation des antennes plaquées à larges bandes de fréquences

Liste des figures

Chapitre I : Etat de l'art sur les systèmes de Bio-télémétrie

Chapitre II : Les antennes indépendantes de la fréquence : théorie, simulation et réalisation

Chapitre III : Conception et Réalisation des antennes plaquées à larges bandes de fréquences

Annexe : Généralités sur les antennes

Liste des tableaux

Glossaire

AF : Facteur d'antenne

ASK : Amplitude Shift Keying, manipulation par changement d'Amplitude

B_p : Bande passante normalisée

BV : Basse vitesse

BW : Band Width, Largeur de bande

CPW : Guide d'onde coplanaire

CP: Tension artérielle

CST: Outil de simulation employé dans la conception des antennes

ECG : Électrocardiogramme

EEG : Électro-encéphalogramme

EM : Électromagnétique

EMG : Électromyogramme

ENIS : École Nationale des Ingénieurs de Sfax

EOG : Électro-olfactogramme

ESEO : École Supérieure d'Électronique de l'Ouest

FCC : Commission fédérale de communications

FEM : Méthode des éléments finis

FM : Modulation de fréquence

FSK : Frequency Shift Keying, manipulation par changement de Fréquence

HF : Haute fréquence

HF : Haute vitesse

HFSS : Outil de simulation employé dans la conception des antennes

ISM : Industrielle, Scientifique, et médicale

IETR : Institut d'Électronique et des Télécommunications de Rennes

LETI : Laboratoire d'Electronique et des Technologies d'Informations

LPDA : Log-periodic Dipole antenna, Antenne à Dipôles Log-périodiques

LPSA : Log-periodic Slot antenna, Antenne Log-périodique à fentes

MEEM : Micro Électronique et Électronique Médicale

PCG : Mesure de l'écoulement du sang

PIFA : Planar Inverted F antenna, Antenne planaire en F inversée

RF : Radiofréquence

RL : Return Loss, Pertes de retours

ROS : Rapport d'Ondes Stationnaires

S_{11} : Coefficient de réflexion à l'entrée de l'antenne

SBP : Station de Base Personnelle

SMA : Sub-Miniature Version A (connecteurs)

TDM : Time Division Multiplexing, Multiplexge temporel

TV : Télévision

ULB : Ultra Large Bande (**UWB** : Ultra Large Band)

$V_{réf}$: Tension de référence

VSWR : Voltage Standing Wave Ratio,

WMTS : Wireless Medical Telemetry Systems, Systèmes de Télémétrie Médicale sans fils

Introduction générale

Pour suivre l'état de santé du patient, on a souvent recours à l'enregistrement de données numériques sur un ordinateur. Pour ne pas immobiliser le patient et pour une surveillance à long terme, on utilise un système de transmission de données par Radio Fréquence dans les bandes *ISM* (Industrial , Scientific and Medical frequency) et *WMTS* (Wireless Medical Telemetry Service) allouées à ces fins. Un tel système de transmission de données est appelé système de bio-télémétrie, il permet ainsi l'acquisition et le traitement de l'information médicale en temps réel ou différé. La communication sans fil se fait entre des unités portées par le patient responsables de la capture des données biomédicales et une unité de réception et de contrôle qui se charge de traiter et de visualiser les signaux reçus.

Dans un tel système, l'antenne est un composant à part entière qui nécessite une étude particulière. Il est nécessaire de concevoir des antennes bien adaptées, avec un bon gain sur des bandes de fréquences souvent très larges. Mais on doit chercher aussi des antennes avec des coûts de fabrication faibles et des dimensions les plus petites possibles au plus près desquelles, on doit avoir la possibilité d'ajouter facilement des composants assurant d'autres fonctions électroniques.

C'est dans ce contexte que se situe le travail développé dans cette Thèse de doctorat intitulée : *"Étude, Conception et Réalisation des Antennes Réceptrices à Large Bandes de Fréquences pour la bio-télémétrie"* où on se propose de concevoir et de réaliser des antennes réceptrices de taille réduites, à larges bandes de fréquences et performantes dans toute la bande utile incluant les bandes *ISM* et *WMTS*, et destinés particulièrement à la télémétrie médicale.

Toutefois, l'utilisation des structures à bandes de fréquences larges nécessite des antennes dont les paramètres restent le plus constant possible sur toute la bande utile.

Cependant, les propriétés caractéristiques d'une antenne telles que impédance d'entrée, directivité, gain, polarisation etc.., dépendent fortement de la fréquence d'utilisation puisqu'elles sont déterminées à partir de la forme de l'antenne et de ses dimensions rapportées à la longueur d'onde. Les variations de ces caractéristiques avec la fréquence limitent ainsi la bande passante de l'antenne.

Afin de satisfaire les spécifications citées ci-dessus, les antennes log-périodiques ont été initialement considérées pour leur caractère indépendant de la fréquence. Cependant, comme il a été conclu dans ce mémoire et contrairement à une idée préliminaire, ces antennes ne permettent généralement pas de concevoir des éléments rayonnants à caractère large-bandes pour lesquels les différentes fréquences de fonctionnement sont aisément contrôlables. En plus, la taille relativement importante de ces structures reste sans doute la limitation principale des antennes Log-périodiques.

Néanmoins, les antennes Patch micro-ruban sont largement employées dans diverses applications et surtout dans les systèmes de communication moderne vu leurs divers avantages par rapport aux antennes conventionnelles. Elles rapprochent la simplicité de fabrication avec des faibles coûts et les bonnes performances radioélectriques. Pourtant, l'inconvénient majeur de ces structures réside essentiellement dans leur faible bande passante normalisée qui est généralement de l'ordre de quelques pourcents.

La solution que nous avons adoptée pour remédier à ces obstacles, consiste à modifier conjointement la forme et les dimensions de l'élément rayonnant et du plan de masse.

Le rapport de cette thèse est organisé comme suit :

Le premier chapitre est consacré à la présentation de l'état de l'art sur les systèmes de Bio-télémétrie. Au début, nous présentons les principes et caractéristiques des deux applications de base visées: l'électrocardiographie (ECG) et l'électroencéphalographie (EEG). Ensuite, nous dévoilons le schéma synoptique proposé pour notre application tout en décrivant les différents blocs. Enfin, nous exposons les différents systèmes de radio-télémétrie existant permettant la mesure de l'EEG et l'ECG.

Le deuxième chapitre de cette thèse porte sur la conception et la réalisation des antennes indépendantes de la fréquence. Au cours de ce chapitre, nous mettons l'accent sur l'étude et la caractérisation des antennes log-périodiques fonctionnant dans les bandes *ISM et WMTS* tout en examinant l'effet des dimensions sur leurs performances. Enfin, nous achevons ce chapitre par la caractérisation expérimentale des structures optimisées.

Le troisième chapitre est consacré à la conception et la réalisation des antennes plaquées à larges bandes de fréquences. Nous présentons les résultats de simulations réalisées pour les différentes formes d'antennes Patch étudiées. Également, nous mettons l'accent sur le type d'alimentation employé. Enfin, les performances de ces antennes sont évaluées à partir des mesures des différentes caractéristiques (gain, bande passante, coefficient de réflexion, diagrammes de rayonnement,…).

Chapitre *I*

Etat de l'art sur les systèmes de bio-télémétrie

I. Introduction

Dans les dernières décennies, l'avancement accrus dans la technologie de fabrication des composants électroniques a permis le développement de nouveaux dispositifs biomédicaux qui ont été intensivement utilisés pour la mesure et l'enregistrement chronique de certains paramètres physiologiques et de toute autre information médicale relative au patient [1] tels que le rythme cardiaque (ECG) [2-3], le signal électrique venant d'un muscle (EMG) [3], l'activité électrique du cerveau (EEG), la réponse électrique de la rétine à une stimulation lumineuse (EOG, ERG) [3], la tension artérielle (CP), la température, et l'écoulement du sang (PCG) permettant ainsi le contrôle et la surveillance à long terme de l'état de santé de certains patients en vue d'améliorer les diagnostics et la thérapie dans la médecine moderne.

Des dispositifs extracorporels employés aujourd'hui peuvent enregistrer plusieurs signaux biomédicaux en même temps [4]. Cependant, dans le système de surveillance traditionnel, la mobilité du patient hospitalisé est restreinte et limitée puisqu'il est constamment relié par des fils à un moniteur placé à sa proximité [5].

Pour ne pas immobiliser le patient et pour un suivi continu et à long terme, on utilise un système de détection et de mesure de données à distance par l'intermédiaire du spectre Radio Fréquence dans les bandes allouées à ces fins [6-10]. Un tel système de transmission de données est appelé système de bio-télémétrie [11], il permet ainsi l'acquisition et le traitement de l'information médicale en temps réel ou différé.

Nous présentons dans une première partie, les deux applications de base visées par notre équipe de recherche: l'électrocardiographie (ECG) et l'électroencéphalographie (EEG). Leurs principes et caractéristiques sont recensés. Ensuite, nous exposons le schéma synoptique proposé pour notre application tout en décrivant les différents blocs. Enfin, nous terminons par la description des différents systèmes de radio-télémétrie existant permettant la mesure de l'EEG et l'ECG.

II. Électrocardiographie

II.1. Physiologie du système cardiaque

Le cœur est l'élément central du système cardiovasculaire, il propulse le sang grâce aux contractions périodiques de son tissu musculaire appelé myocarde [12]. Cet organe musculaire creux permet donc la circulation du sang dans le corps et l'apport d'oxygène et de nutriments à l'ensemble des cellules de l'organisme. Le cœur est situé dans la partie médiane de la cage thoracique (le médiastin) délimité par les 2 poumons, le sternum et la colonne vertébrale.

Le cœur est composé de 4 cavités : les oreillettes (ou ATRIA) sur la partie supérieure et les ventricules sur la partie inférieure. Les oreillettes et ventricules sont séparés de chaque côté par une épaisse paroi musculaire, le septum.

À chaque battement, le myocarde suit la même séquence de mouvement : le sang pauvre en oxygène arrive au cœur par la veine cave. Il y entre par l'oreillette droite, et en est chassé par sa contraction appelée systole auriculaire qui le déplace dans le ventricule droit. La systole ventriculaire (contraction des ventricules) propulse à son tour le sang du ventricule droit vers les poumons où il va se charger en oxygène. De retour au cœur par les veines pulmonaires, le sang s'accumule dans l'oreillette gauche puis, lors de la systole auriculaire, passe dans le ventricule gauche qui lors de la systole ventriculaire l'envoie vers les organes par l'artère AORTE [13]. La représentation du cœur est illustrée par la figure (I.1) [12].

La contraction du myocarde est provoquée par la propagation d'une impulsion électrique le long des fibres musculaires cardiaques induite par la dépolarisation des cellules musculaires (chargés négativement au repos). Dans le cœur, la dépolarisation prend normalement naissance dans le haut de l'oreillette droite (le sinus), et se propage ensuite dans les oreillettes, induisant la systole auriculaire qui est suivie d'une diastole (décontraction du muscle).

Ces contractions rythmiques sont spontanées mais leur fréquence est affectée par les nerfs (régulation par le système nerveux) et les hormones (hormones orthosympathiques telles que l'adrénaline et la noradrénaline et hormones thyroïdiennes favorisent la contractibilité alors que l'hormone parasympathique telle l'acétylcholine la diminue) [12-14].

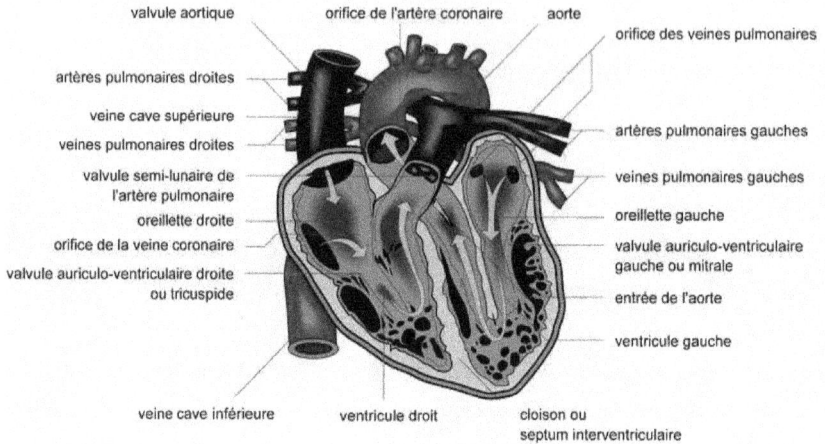

Figure I. 1- Anatomie du cœur

II.2. Définition de l'électrocardiographie

C'est l'un des plus importantes mesures électro-physiologiques dans un examen médical [3]. L'électrocardiographie est la technique d'enregistrement de l'activité électrique accompagnant les contractions cardiaques. Elle est réalisée grâce à un électrocardiographe relié au patient par des électrodes actives (qui amplifient les faibles signaux captés) [16].

Ainsi, la courbe obtenue appelée électrocardiogramme (ECG) représente l'enregistrement des ondes de dépolarisation et de repolarisation des cellules cardiaques dont l'amplitude et la forme dépendent fortement de l'emplacement des électrodes sur la peau du patient [13-18]. Ce signal, modifié en cas d'anomalie de la commande de l'influx électrique ou de sa propagation, de la masse globale et régionale des cellules ou de leur souffrance éventuelle, permet d'observer d'éventuelles perturbations cardiaques.

II.3. Enregistrement de l'ECG

II.3.1. Historique

L'apparition de l'électrocardiographie (ECG) date de plus de 100 ans. Ses applications sont uniquement médicales, servant à la détection des maladies et des malformations. En 1842 Carlo Matteucci [19], physicien italien montre qu'un courant électrique accompagne chaque battement cardiaque.

En 1887 John Burden [20], physiologiste anglais publie le premier ECG d'un humain. En 1897 Clément Ader [21], ingénieur électrique, adopte un système d'amplification appelé galvanomètre à cadre. Il s'agit d'un ampèremètre mécanique très sensible, qui possède une aiguille qui indique le sens et la force du courant. Les enregistrements se font avec un stylet fixé sur l'aiguille [21].

En 1903 Willem Einthoven, physiologiste néerlandais, considéré comme le père de l'électrocardiographie [22], a réalisé un système pour mesurer les potentiels électriques cardiaques à partir de la surface du corps humain et il a décrit la succession des ondes P, QRS, T dans le signal ECG. Il a reçu en 1924 le prix Nobel pour l'ensemble de son travail sur l'électrocardiographie.

D'autres scientifiques ont activement contribué à l'évolution de l'électrocardiographie, citons notamment Ernestine [23], Avine [23], Wolferth [24], Wood [24] et Goldberger [25].

II.3.2. Examens d'enregistrement cardiaque

Les examens d'enregistrement permettent d'observer de façon indirecte le fonctionnement d'un organe dans le corps humain. Un des examens les plus représentatifs de ce groupe est sans doute l'électrocardiogramme. Cependant, il y a plusieurs modes ou techniques d'enregistrement pour caractériser les différentes anomalies cardiaques. On pourra citer principalement: l'ECG de repos, l'ECG d'effort, l'ECG ambulatoire de Holter, l'enregistreur à la demande et l'exploration électro-physiologique [13-15].

a. L'ECG de repos

Pour cet examen, des électrodes sont placées sur le thorax, les poignets et les chevilles afin d'enregistrer l'activité électrique du cœur comme c'est illustré dans la figure (I.2) [26]. L'emplacement des électrodes est choisi de sorte à explorer la quasi totalité du champ électrique cardiaque en offrant un ensemble cohérent de dérivations non redondantes [13-18]. Cet examen permet de diagnostiquer les troubles du rythme ou les maladies coronaires comme l'infarctus. Il sert aussi à comprendre la cause de symptômes comme les douleurs thoraciques ou les palpitations dont l'origine cardiaque est possible.

C'est un examen rapide qui dure pratiquement dix minutes et qui peut se réaliser plusieurs fois et sans risque sur le patient. Cependant, la courte durée de cet examen est un obstacle à la détection systématique de pathologies qui apparaissent irrégulièrement, comme certains troubles du rythme ou lors d'une crise cardiaque par exemple.

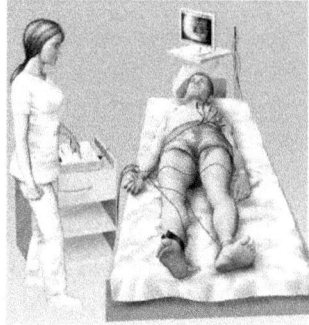

Figure I. 2- Enregistrement classique de l'ECG

b. L'ECG ambulatoire sur 24 heures (Holter)

L'enregistrement électro-cardiographique ambulatoire fut mis au point par Holter [27] en 1961. Ce type d'enregistrement est surtout employé pour mettre en évidence les troubles intermittents du rythme cardiaque, trouver l'origine de palpitations, malaises ou douleurs thoraciques et surveiller l'efficacité des traitements contre l'arythmie.

Comme pour l'ECG de repos, plusieurs électrodes sont fixées sur le thorax par un ruban adhésif et reliées par un câble à un enregistreur portable comme le montre la figure (I.3) [26]. Cet enregistreur permet de mémoriser toute l'activité électrique du cœur pendant une période de 24 à 48 heures. Le patient doit, malgré cet appareillage, poursuivre normalement ses activités habituelles. Toutefois, pour éviter le détachement des électrodes à cause de l'eau ou de la sueur, le patient ne peut ni prendre de bain ni faire des efforts trop intenses durant l'examen. L'enregistrement sera lu et analysé plus tard par le médecin qui mettra le rythme cardiaque en relation avec les symptômes observés dans le cahier journalier [27].

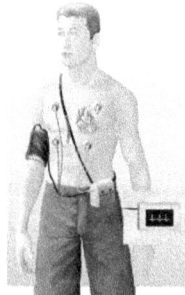

Figure I. 3- Enregistrement de l'ECG selon la technique de Holter

c. L'enregistreur à la demande

L'enregistreur à la demande est un enregistreur portatif d'ECG mis en marche par le patient lorsque les symptômes apparaissent, il mémorise de 15 à 40 secondes d'ECG. Le décryptage montrera alors le rythme cardiaque ou d'éventuelles autres modifications de l'ECG au moment des symptômes [14].

d. L'ECG d'effort

Cet examen est presque toujours précédé d'un ECG de repos. Il sert à mettre en évidence les anomalies cardiaques silencieuses au repos, les troubles du rythme ainsi que l'insuffisance coronaire aiguë, grâce à la production d'un effort physique sous surveillance médicale stricte [13-15].

Une fois les électrodes appliquées sur la poitrine, le patient accomplit un effort bien défini soit en marchant sur un tapis roulant ou en pédalant sur un vélo statique comme montré dans la figure (I.4) [26]. L'intensité de l'effort est graduellement augmentée pendant l'examen, l'enregistrement de l'électrocardiogramme en parallèle permet d'observer la fréquence cardiaque, la pression artérielle et l'éventuelle apparition de troubles du rythme.

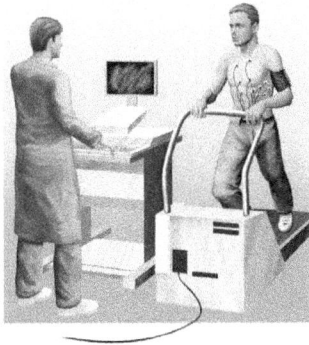

Figure I. 4- Enregistrement de l'ECG d'effort

e. L'exploration électro-physiologique

L'exploration électro-physiologique est utile pour éclaircir les situations complexes ou peu claires. Elle permet de localiser la source précise du problème rythmique. Cet examen, qui se déroule dans une salle spéciale à l'hôpital, correspond à un électrocardiogramme enregistré depuis l'intérieur du cœur [14].

Des petits cathéters munis d'électrodes sont insérés à travers les veines de l'avant-bras ou du pli de l'aine. Après une anesthésie locale, ces électrodes peuvent être placées sans douleur aux différents endroits du cœur, que cela soit dans les oreillettes ou dans les ventricules. De brèves stimulations électriques peuvent même provoquer l'arythmie en cause, ce qui permettra d'identifier le traitement le plus efficace.

II.3.3. Formes d'ondes enregistrées d'un cycle cardiaque

Le signal électro-cardiographique normal est formé de plusieurs ondes qui correspondent à l'activation électrique des diverses parties du cœur, désignées sur l'ECG de surface standard par les lettres de l'alphabet P, Q, R, S, T et U (choisies arbitrairement dans les premiers temps de l'ECG) (Figure I.5) [2-4].

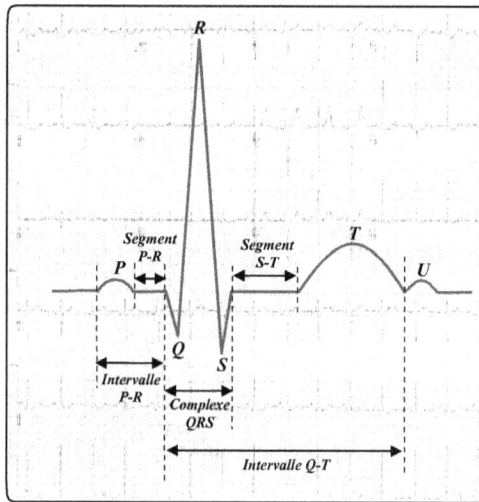

Figure I. 5- Cycle cardiaque complet

À chaque cycle cardiaque, on distingue successivement [2,3,28]:

✓ **L'onde P**

   Elle correspond à la dépolarisation des oreillettes (Systole auriculaire, Contraction des oreillettes). Sa durée habituelle est de l'ordre de 80 à 100ms. C'est une onde positive dont l'amplitude est inférieure ou égale à 0.25mV.

✓ **L'intervalle PR ou intervalle PQ**

C'est le temps de conduction auriculo-ventriculaire. Il mesure la durée entre le début de l'onde P et le début de Q ou de R. Sa durée est comprise entre 120 et 180ms.

✓ **Le segment PR**

Il correspond à la pause entre l'activation auriculaire et l'activation ventriculaire, par le passage de l'influx du nœud auriculo-ventriculaire au faisceau de His. Il se mesure de la fin de l'onde P jusqu'au début du complexe QRS et dure de 30 à 40ms.

✓ **Le complexe QRS**

Il est composé de trois ondes qui correspondent à la dépolarisation des ventricules (Systole ventriculaire, Contraction des ventricules). L'onde négative initiale est appelée onde Q : sa durée est généralement inférieure à 40ms et son amplitude dépasse rarement 0.2mV. La première onde positive est appelée onde R, son amplitude atteint 2mV. L'onde négative qui suit l'onde R est appelée onde S. e complexe QRS a une durée normale comprise entre 85 et 95ms et une grande amplitude (signal de quelques millivolts).

Il est à remarquer que la repolarisation des oreillettes (Diastole auriculaire) se produit pendant la dépolarisation ventriculaire et comme l'onde générée est relativement de faible amplitude, elle est masquée par le complexe QRS ; donc il n'y pas d'ondes visibles qui caractérisent le relâchement des oreillettes.

✓ **Segment ST**

C'est le temps de stimulation complète des ventricules, il correspond ainsi à la deuxième phase de la repolarisation ventriculaire où les cellules ventriculaires sont toutes dépolarisées, il n'y a pas de propagation électrique : le segment est alors isoélectrique.

On le mesure de la fin de l'onde S ou R jusqu'au début de l'onde T.

✓ **L'onde T**

Elle représente la phase de repolarisation des ventricules (Diastole ventriculaire). Elle a normalement un aspect asymétrique avec une pente initiale plus faible que son versant descendant, c'est-à-dire une montée plus lente que la descente et un sommet légèrement arrondi. Elle a une amplitude plus faible que le complexe QRS qui est de l'ordre de 0.2mV, mais également positive. Les ondes T reflètent donc les brèves périodes de repos du cœur entre les battements. La durée de l'onde T est environ 200ms.

✓ **L'intervalle QT**

Cet intervalle correspond au temps de la systole ventriculaire, du début de l'excitation des ventricules jusqu'à la fin de leur relaxation. Il se mesure du début du QRS jusqu'à la fin de l'onde T et il dépend de la fréquence cardiaque. En effet, l'intervalle QT varie entre 350 et 500ms et sa durée diminue avec l'augmentation de la fréquence cardiaque.

✓ **L'onde U**

Inconstante, l'onde U traduit la repolarisation du réseau de Purkinje. Elle a un rôle diagnostic infime.

L'onde U est une déflexion positive de faible amplitude qui est parfois observée après l'onde T et presque uniquement visible dans les précordiales. Elle pourrait correspondre à la repolarisation des fibres de Purkinje ou représenter un facteur mécanique comme la relaxation ventriculaire.

II.3.4. Principales anomalies cardiaques

L'ECG permet la détection et l'analyse de la gravité de nombreuses maladies cardiaques, on peut citer [29-30]:

- L'hypertrophie, par travail anormal, des oreillettes ou des ventricules droits ou gauches. Elle se traduit surtout par une augmentation de l'amplitude et de la durée des ondes P ou du complexe QRS ;

- L'ischémie, par insuffisance d'irrigation d'un territoire des ventricules. Elle modifie l'onde T et décale (sous ou sus-décalage) le segment ST. Cette ischémie peut n'apparaître qu'à l'effort, d'où l'intérêt de l'ECG d'effort ;

- La nécrose, par défaut prolongé d'irrigation et mort puis cicatrisation de plusieurs cellules (infarctus du myocarde). Elle déforme le début du complexe QRS ;

- Les autres souffrances des cellules cardiaques liées à des inflammations du muscle (myocardite) ou de son enveloppe (péricardite), les anomalies des concentrations ioniques (par exemple, manque de potassium...), les imprégnations sur le cœur de divers médicaments. Tout cela modifie l'ECG et principalement l'onde T ;

- Les troubles de la conduction électrique cardiaque. Si celle-ci est trop rapide, ils se remarquent par un raccourcissement de l'intervalle entre ondes P et complexes QRS, pouvant déformer ce dernier. Si elle est trop lente, ils se manifestent par un ralentissement cardiaque ou un allongement de l'intervalle entre P et QRS, pouvant aller jusqu'à une coupure intermittente ou permanente: c'est le bloc auriculo-ventriculaire, responsable de syncope. L'anomalie peut intéresser les branches du faisceau de His et se traduire alors par un élargissement des complexes QRS ;

- Les troubles du rythme cardiaque, avec ratés (extrasystoles) ou emballement (tachycardie) qui peuvent concerner les oreillettes, les ventricules ou la jonction entre les deux. Ils se traduisent par des déformations des ondes P ou des complexes QRS; ces déformations se répètent à une cadence plus ou moins rapide, régulière ou irrégulière. Au maximum, l'activation électrique est anarchique et continue: c'est la fibrillation, qui n'atteint souvent que les oreillettes et est mortelle lorsqu'elle touche les ventricules ;

III. Électroencéphalographie

III.1. Définition

L'électroencéphalographie est la technique d'enregistrement des variations du potentiel électrique qui se produit de façon continue au niveau du cortex cérébrale et qui constituent les manifestations électriques de son activité ainsi que les modifications que leur font subir les diverses excitations sensorielles, l'activité mentale ou certaines affections cérébrales.

Le tracé résultant de l'enregistrement de cette activité (recueilli par des électrodes placées sur le cuir chevelu) est appelé électroencéphalogramme (EEG) [2,31-32].

III.2. Enregistrement de l'EEG

III.2.1. Historique

L'invention de l'électroencéphalogramme est attribuée au neuropsychiatre allemand Hans Berger [33-34] qui a enregistré le premier signal d'activité cérébrale en 1929 [35-36]. Il a découvert plus tard, la relation entre certaines activités mentales et les variations du signal électrique émis par le cerveau dans certaines bandes de fréquence ; ce qui lui a permis de décrire les tracés enregistrés sous forme d'ondes (qu'il appela "ondes alpha" et "ondes bêta") et de déduire les tracés inhabituels chez les patients épileptiques [31-35].

Toutefois, cette invention n'a été reconnue qu'à partir de 1934, après que le médecin britannique Edgar Adrian [37] eut repris et complété les travaux de Berger. Il a fallut encore attendre les années 1950 pour que l'EEG soit couramment utilisé dans la pratique médicale, en particulier dans le diagnostic de l'épilepsie [31].

III.2.2. Examens d'enregistrement d'électroencéphalogramme

L'électroencéphalogramme est un examen indolore et non-invasif, qui peut être répété autant que nécessaire sans mobiliser le patient. Pendant l'examen, un système formé de 10-20 ou 19-32 électrodes [38], enduites d'une pâte conductrice (une pâte à sel qui s'élimine au shampoing), est fixé sur le cuir chevelu du patient dans des emplacements bien spécifiques comme le montre la figure (I.6) [35] (dans certains cas, le patient porte un casque à électrodes fixes).

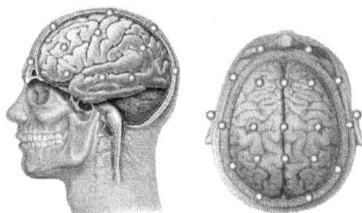

Figure I. 6- Exemple d'emplacement des électrodes

Ces électrodes enregistrent l'activité électrique de populations de neurones corticaux ou de réseaux de neurones. Cependant, ces signaux sont naturellement de très faible amplitude, il est nécessaire de les amplifier [39] pour pouvoir lire et suivre le tracé sur un écran ou l'imprimer sur un papier. La figure (I.7) [26] illustre l'exemple d'enregistrement d'un électro-encéphalogramme. Durant cet examen, le patient peut rester en position allongée, détendu ou en position assise mais il doit éviter de bouger ou de parler. Toutefois, l'examen peut être interrompu de temps en temps pour que le patient puisse rectifier sa position. Pendant l'examen, on demande au patient d'ouvrir et de fermer les yeux, de respirer rapidement et profondément et de regarder en direction d'une lumière intermittente et s'il faut qu'il s'endorme, on pourra lui administrer un sédatif ou un tranquillisant [26].

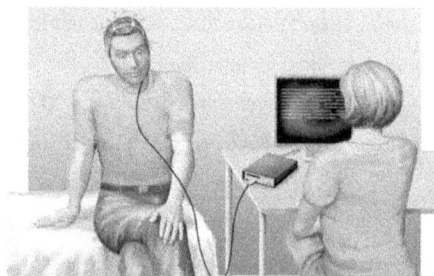

Figure I. 7- Enregistrement de l'EEG

L'EEG est réalisé à l'hôpital ou au cabinet médical. Normalement, un EEG de base dure près de 45 minutes. Toutefois, la durée peut varier entre 30 et 90 minutes, voire même se prolonger davantage quand il faut poursuivre l'examen une fois le patient endormi. Le tracé est ensuite analysé par un neurologue. Cependant, après cet examen, l'EEG peut paraître normal pour les épileptiques par exemple (quand il n'est pas réalisé pendant une convulsion provoquée par l'épilepsie), ce qui nécessite un enregistrement continu en ambulatoire de l'activité électrique cérébrale pendant 24 ou 48 heures. Cet examen est reconnu sous le nom EEG-Holter qui a le même principe que celui d'ECG-Holter [40].

III.2.3. Formes d'ondes cérébrales enregistrées

Les caractéristiques des rythmes cérébraux dépendent de l'état psychologique et pathologique de la personne chez qui on les enregistre. Généralement chez une personne normale, on reconnaît quatre sortes d'ondes qui peuvent êtres classées selon leur fréquence : les ondes bêta, les ondes alpha, les ondes thêta et les ondes delta comme illustré dans la figure (I.8) [41].

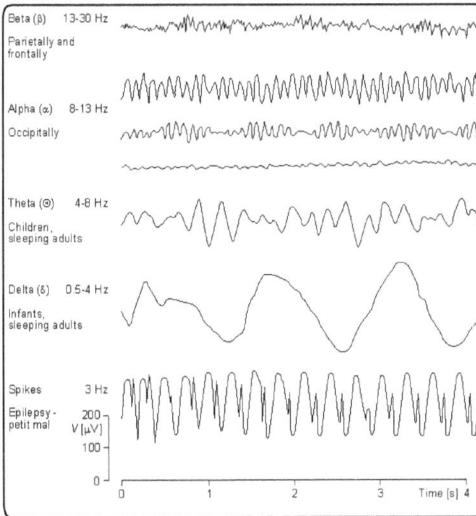

Figure I. 8- Principaux types d'ondes cérébrales enregistrées

Les rythmes bêta sont les plus rapides (fréquence supérieure à 13 Hz) et indiquent un cortex actif, ils apparaissent en période d'activité intense, de concentration ou d'anxiété. Les rythmes alpha (8 à 13 Hz) sont associés à l'état d'éveil calme. Les rythmes thêta (4 à 8 Hz), sont observés principalement chez l'enfant, l'adolescent et le jeune adulte. Elles caractérisent également certains états de somnolence, d'hypnose, ou de mémorisation d'information. Enfin, les rythmes delta (fréquence inférieure à 4 Hz) sont le signe d'un sommeil profond sans rêve (sommeil lent). Elles sont normales chez le très jeune enfant, elles peuvent ensuite caractériser certaines lésions cérébrales.

Par conséquent, les rythmes cérébraux enregistrés sur un EEG dépendent fortement des différents stades de sommeil [32]. En effet, un adulte éveillé émet habituellement des ondes alpha et beta. En phase d'endormissement (stade 1), l'activité alpha diminue et s'évanouit. Le sommeil léger (stade 2) est marqué par l'apparition de pics d'activité bêta et des formes d'ondes complexes (trains d'ondes comprises entre 12 et 16 Hz). Le sommeil profond (stades 3 et 4) est caractérisé par une activité cérébrale de faible fréquence (delta). Lors du sommeil paradoxal (stade 5), associé aux rêves et aux mouvements oculaires rapides, on retrouve un pic d'activité beta.

III.3. Principales anomalies cérébrales

Depuis l'avancement des techniques modernes d'imageries médicales (scanographie et imagerie par résonance magnétique), les indications de la EEG sont surtout centrées sur l'étude des troubles de sommeil et surtout l'étude de l'épilepsie [31].

Cependant, l'EEG peut se révéler utile pour :

- Localiser une éventuelle tumeur cérébrale, des inflammations, des infections comme l'encéphalite, maladie de Creutzfeldt-Jakob ou la méningite, des hémorragies, un traumatisme crânien ;
- Etudier des maladies du système nerveux central, comme la maladie de Parkinson;
- Surveiller l'activité cérébrale pendant qu'une personne est sous anesthésie générale lors d'une intervention chirurgicale;
- Confirmer la mort cérébrale d'une personne dans le coma, la profondeur du coma et la possibilité de guérison après une perte de conscience (troubles de la conscience et de la vigilance);
- Identifier les répercussions cérébrales d'une encéphalopathie métabolique, un trouble du fonctionnement cérébral ;
- Diagnostiquer certains types de démence, trouble cérébral qui provoque une perte progressive et inexorable des fonctions mentales supérieures comme la mémoire et le langage ;
- Evaluer l'efficacité d'une médication antiépileptique.

IV. Présentation du système de bio-télémétrie adopté

IV.1. Introduction

Dans les parties précédentes de ce chapitre, nous avons vu que pour l'enregistrement de certaines activités bioélectriques du corps humain, telles que l'activité électrique en électrocardiographie 'ECG' ou bien l'activité électrique cérébrale en encéphalographie 'EEG', le patient est souvent obligé d'être immobilisé vu qu'il doit être lié au système d'enregistrement par des électrodes placées sur le corps.

Pour ne pas immobiliser le patient d'une part, et pour une surveillance à long terme d'autre part, nous utilisons un système de transmission de données par Radio Fréquence allouée à ces fins. Un tel système de transmission de données est appelé système de bio-télémétrie.

En effet, la bio-télémétrie est une technique qui permet de mesurer à distance les activités d'ECG et EEG en continu des patients hospitalisés plus ou moins mobiles dans leur chambre d'hôpital ou même chez eux à leur domiciles, permettant ainsi un diagnostic efficace, une intervention rapide ainsi qu'une surveillance de l'évolution du traitement [42].

Cette technique est utilisée principalement pour l'enregistrement d'épisodes épileptiques se produisant de façon aléatoire ou bien pour l'enregistrement et la détection des troubles intermittents du rythme cardiaque.

IV.2. Composition du système envisagé

La figure (I.9) montre le schéma synoptique de l'application envisagée par notre équipe de recherche MEEM (Micro Electronique et Electronique Médicale) au sein du laboratoire LETI (Laboratoire d'Electronique et des Technologies d'Informations à l'ENIS).

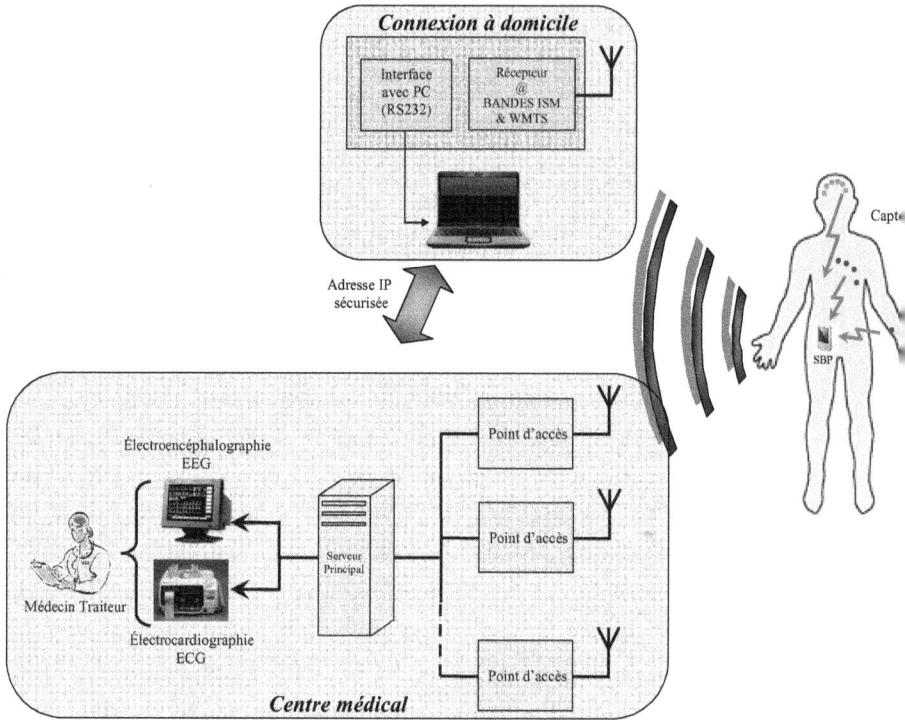

Figure I. 9- Présentation du projet adopté par notre équipe de recherche

Selon la nature de l'examen demandé par le médecin traiteur et l'état de santé du patient, nous envisageons deux cas possibles pour effectuer les enregistrements de l'ECG et l'EEG :

- Dans le premier cas, l'enregistrement se fait à domicile permettant au patient de pratiquer sa vie normale et d'avoir un suivi médical à long terme ou bien durant la période de traitement.

- Dans le deuxième cas, l'enregistrement se fait dans un centre médical où le patient est déjà hospitalisé, lui offrant ainsi plus de mobilité pendant ces tests cliniques.

Cependant, pour ces deux cas envisagés, la capture des données biomédicales est réalisée par des unités portées par le patient (éventuellement un réseau d'électrodes où chaque électrode active représente un émetteur mono canal) ou même implantées à l'intérieur du corps de celui-ci (système télémétrique multicanaux) pour les deux types d'enregistrement (ECG, EEG) [32-33]. Ensuite, la communication sans fil se fait entre ces électrodes (actives) et une unité électronique centrale et portative appelée la Station de Base Personnelle (SBP, Personal Basic Station) portée par le patient, sur sa ceinture, comme un baladeur [44-45]. Cette unité vise à recevoir les données médicales venant des différentes électrodes et les émettre en temps réel vers les dispositifs de réception situés à domicile du patient (s'il s'agit d'une connexion à domicile) ou au centre médical (si le patient est hospitalisé) comme c'est illustré dans la figure (I.9).

Néanmoins, pour établir une connexion à domicile, on utilisera un module de réception multicanaux avec une antenne opérant autour de la fréquence 2.45GHz (éventuellement un seul point d'accès). Ce module est connecté à une station de travail ou à un ordinateur portable qui se charge du collecte des données médicales et de les envoyer automatiquement au centre médical destiné via une connexion réseaux directe ou à travers l'Internet utilisant ainsi une adresse IP spécifique (pour distinguer les différentes informations venant de chaque patient dans le centre médical) et sécurisée.

Toutefois, dans le cas où le patient est hospitalisé et mis sous contrôle médical (mesure EEG, ECG) avant de se faire opérer par exemple, le transfert des signaux médicaux se fait à travers un réseau de récepteurs constitué de plusieurs dispositifs de réception placés en plusieurs points d'accès (utilisant des antennes larges bandes pour éviter la saturation des canaux d'émission ou de réception dans les bandes tolérés ISM et WMTS s'il s'agit de plusieurs patients). Ces récepteurs sont connectés à un serveur principal ou à une centrale à travers un réseau interne qui se charge de collecter les données médicales et de les envoyer automatiquement vers la salle de contrôle afin d'êtres analysées par les médecins traiteurs.

IV.3. Système d'enregistrement monocanal et multicanaux

Comme nous avons mentionné dans le paragraphe (IV.2), la collecte des informations biomédicales se fait à travers un réseau d'électrodes émettrices indépendantes les unes des autres où on attribue à chacune un canal de transmission dans les bandes allouées à ces fins, ou bien en employant un réseau d'électrodes combinées ensembles formant ainsi un système de transmission multicanaux (éventuellement implantés). De l'autre côté, la Station de Base Personnelle (SBP) et le réseau de récepteurs forment chacun un système de transmission multicanaux dont nous présentons dans ce paragraphe les schémas synoptiques relatifs à chaque système.

IV.3.1. Système d'enregistrement monocanal

La figure (I.10) représente un système d'enregistrement monocanal relatif à chaque électrode active souvent utilisé pour la capture de certaines composantes d'un ECG. En effet, vu la très faible amplitude des signaux captés par l'électrode, un Bio-amplificateur est fréquemment employé pour les amplifier afin qu'ils puissent ensuite être modulés en radio fréquence. Généralement, la modulation en fréquence (FM) [43], éventuellement FSK dans le cas d'une transmission numérique, est utilisée pour ce type de système (monocanal). L'alimentation du transmetteur se fait par une petite batterie qui est toujours portée par l'électrode active.

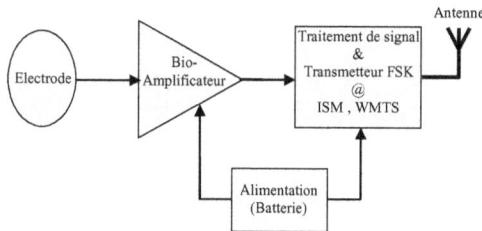

Figure I. 10- Système d'enregistrement monocanal

Cependant, ce système représente une seule électrode active qui émet les informations médicales vers la station de base personnelle portée par le patient et qui se charge de l'analyse et du traitement de chaque signal issue de chaque électrode active.

IV.3.2. Système d'enregistrement multicanaux

Un système de transmission multicanaux se compose de deux ou plusieurs canaux sous une seule porteuse, cette méthode se base essentiellement sur le multiplexage des données. On distingue deux méthodes de base : le multiplexage par division de fréquence [16] ou le multiplexage par division temporelle [46].

a. Multiplexage par division de fréquence

La technique de multiplexage par répartition en fréquences consiste à former un signal composite par translation fréquentielle de certains signaux. Cette méthode se base sur le principe suivant :

- Du côté émission, les signaux d'entrées sont modulés par des fréquences différentes (attribuer une fréquence pour chaque canal afin d'éviter les chevauchements dans le spectre de fréquence, f_1, f_2 et f_3....), ensuite ces signaux seront additionnés par un amplificateur sommateur. Enfin, le signal composite résultant sera modulé par une porteuse radiofréquence (dans les bandes ISM, WMTS).

- Du côté réception, le signal RF capté est amplifié et démodulé (récepteur FM ou FSK), ensuite le signal issu attaque simultanément des filtres passe bande en concordance avec le spectre d'émission afin de retrouver les signaux modulés par les fréquences f_1, f_2 et f_3 etc... Enfin, chaque signal est démodulé par sa fréquence correspondante pour aboutir aux signaux originaux.

La figure (I.11), montre le spectre de fréquence d'un système de transmission à trois canaux dont l'étage d'émission est illustré par la figure (I.12) et celui de la réception par la figure (I.13).

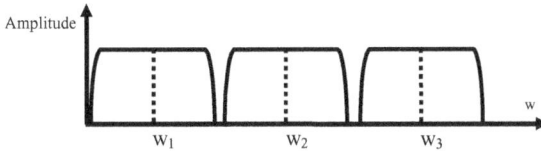

Figure I. 11- Spectre du signal multiplexé

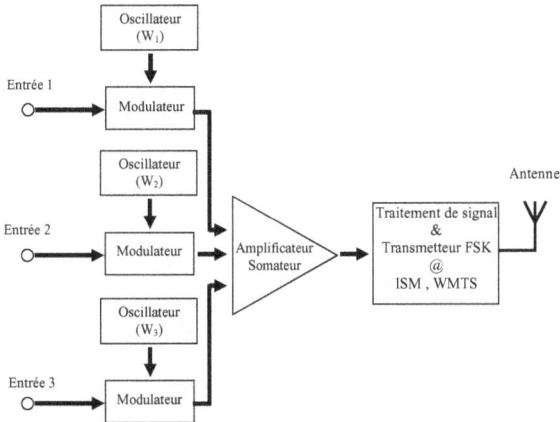

Figure I. 12- Structure générale d'un émetteur multicanaux

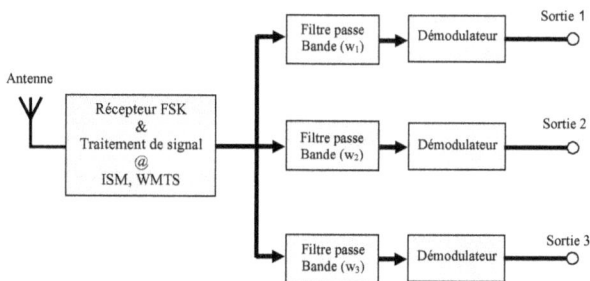

Figure I. 13- Structure générale d'un récepteur multicanaux

b. Multiplexage par division temporelle

Le multiplexage par répartition temporelle (TDM, Time Division Multiplexing) est une technique de traitement de données par mélange temporel ayant pour but de permettre l'acheminement sur un même canal (appelé voie haute vitesse, HV), d'un ensemble d'informations provenant de différents canaux à faibles débits (appelés voies basses vitesses, BV) lorsque celles-ci doivent communiquer simultanément d'un même point de départ à un même point d'arrivée.

Dans ce cas, le multiplexeur fonctionne comme un commutateur électronique de haute fréquence où chaque signal circule séquentiellement et cycliquement à tour de rôle à grande fréquence.

La figure (I.14) représente la structure générale d'un émetteur à trois canaux où le multiplexeur reçoit aussi un signal de référence à potentiel constant (V_{ref}) avec les trois signaux sujets de l'émission. Un oscillateur de comptage couplé au multiplexeur donne des intervalles de temps assez court pour les signaux (V_1, V_2, V_3) et un intervalle plus large que ces derniers pour le signal V_{ref} qu'on utilise pour la synchronisation des données du côté de l'étage de réception. La figure (I.15) illustre l'exemple du signal multiplexé en fonction du temps [16].

Du côté réception, un démultiplexeur opère à l'inverse comme c'est illustré dans la figure (I.16). En effet, le récepteur se compose d'un démodulateur radio fréquence conventionnel qui peut reconstituer les signaux originaux, mais cette tâche demande un temps de mémorisation des trois canaux ; d'où l'utilité du signal V_{ref} dont la largeur de son impulsion est assez large pour pouvoir mémoriser les signaux ultérieurs et recevoir les nouveaux signaux (trame suivante). Ce processus nécessite un démultiplexeur dans lequel V_{ref} est un outil de synchronisation et de distinction des données reçues (on reçoit d'abord V_1 ensuite V_2 puis V_3 et enfin V_{ref} permettant l'arrêt et la mémorisation). Enfin, l'utilisation de trois filtres passe bas permettent d'aboutir aux trois signaux originaux.

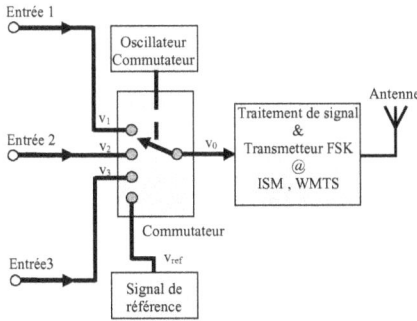

Figure I. 14- Structure générale d'un émetteur multicanaux

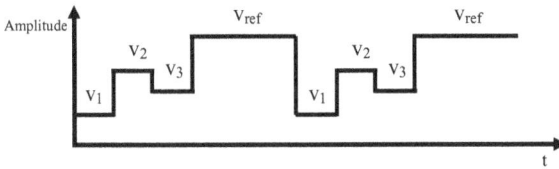

Figure I. 15- Signal multiplexé en fonction du temps

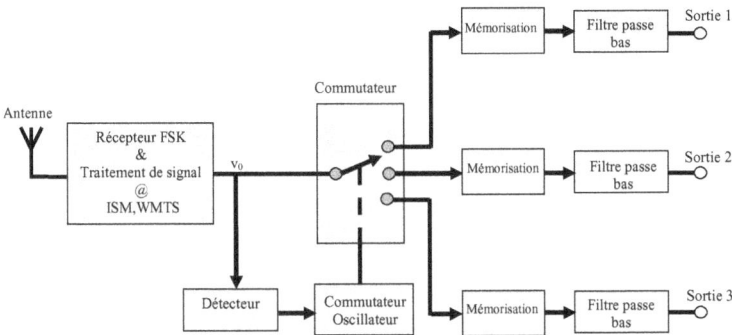

Figure I. 16- Structure générale d'un récepteur multicanaux

Il faut noter que l'alimentation est assurée par une petite batterie pour offrir plus de mobilité et de liberté aux patients.

IV.3.3. Système d'enregistrement multicanaux implantable

La figure (I.17) montre la structure générale d'un système d'enregistrement multicanaux implantable. L'étage d'émission est formé par un réseau d'électrodes actives implanté dans le corps du patient et communicant avec la Station de Base Personnelle (SBP) qui représente la partie extérieure de ce système [47-49].

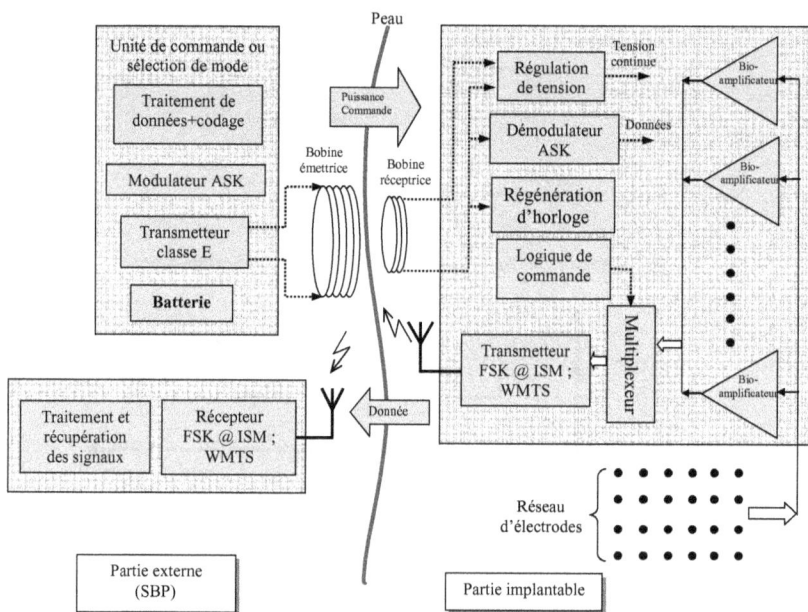

Figure I. 17- Structure générale d'un système d'enregistrement multicanaux implantable

Cependant, pour servir comme un implant à long terme, aucune batterie ne doit être employée. En effet en retenant la solution de l'implant à pile, on serait obligé de faire des chirurgies répétitives de remplacement de la pile. En outre des risques de pertes de produits chimiques peuvent produire des effets de toxicité. En plus pour n'importe quel dispositif qui doit être implanté pendant n'importe quelle durée, la solution d'interconnexion par des fils ou des connecteurs pour la transmission de données est inacceptable à cause du risque d'infection et du rejet du corps.

Donc, les méthodes de transmission qui ne posent pas du mal au corps sont souhaitables. Pour ceci on envisage la communication par radio fréquence entre l'unité implantable et le dispositif extracorporel où l'alimentation sera assurée par une unité externe de commande ou sélection de mode via un lien inductif permettant ainsi le transfert de la puissance (d'alimentation) et le transfert des données sans fils (dans le cas d'un enregistrement avec stimulations) [50]. Les paramètres les plus importants d'un système implanté sont la dissipation de puissance, la durée de vie, la taille du circuit et la sensibilité des détecteurs [51]. Cependant, afin de récupérer les différents signaux collectés par les différentes électrodes actives, il est envisageable d'utiliser un multiplexeur à division temporelle (TDM) où la fréquence de la porteuse est choisie dans les bandes ISM et WMTS allouées à ces fins.

IV.4. Bandes de fréquences allouées

Dans ce paragraphe, nous présentons les différentes bandes de fréquences réservées aux dispositifs destinés aux applications industrielles, scientifiques et médicales à fréquence radioélectrique.

Généralement, les bandes ISM (Industriel, Scientific and Medical) sont allouées à ces fins, elles ne sont pas soumises à des réglementations nationales et peuvent être utilisées librement (gratuitement, et sans autorisation) pour la réalisation d'un système de bio-télémétrie. Le tableau (I.1) présente ces différentes bandes (norme européenne) pour les applications (transmission de données, télécommande, télémesure, téléalarme) à faibles puissances et à faibles portés [6-8].

Tableau I. 1- Bandes ISM européennes

Bandes de fréquences (MHz)	Fréquence centrale f_c (MHz)	Largeur du / des canal(aux) (KHz)	Puissance maximale
6.765 à 6.795	6.78	Pas de canalisation obligatoire	42 dBµA/m à 10m
13.553 à 13.567	13.56	Pas de canalisation obligatoire	42 dBµA/m à 10m
26.957 à 27.283	27.12	Pas de canalisation obligatoire	10 mW (PIRE)
40.66 à 40.7	40.68	Pas de canalisation obligatoire	10 mW (PIRE)
402 à 405	403.5	25 à 300 kHz	25 µW (PIRE)
433.05 à 434.79	433.92	Pas de canalisation obligatoire	10 mW (PIRE)
868à 868.6	868.3	Pas de canalisation obligatoire	25 mW (PIRE)
868.6 à 868.7	868.65	25kHz	10 mW (PIRE)
868.7 à 869.2	868.95	Pas de canalisation obligatoire	25 mW (PIRE)
869.2 à 869.25	869.225	25kHz	10 mW (PIRE)
869.25 à 839.3	869.275	25kHz	10 mW (PIRE)
869.4 à 869.65	869.525	25kHz	500 mW (PIRE)
869.65 à 869.7	869.675	25kHz	25 mW (PIRE)
869.7 à 870	869.85	Pas de canalisation obligatoire	5 mW (PIRE)
902 à 908	915	-	10 mW (PIRE)
2446 à 2454	2450	-	10 mW (PIRE)
2454 à 2483.5	2468.75	-	10 mW (PIRE)
5725 à 5875	5800	-	25 mW (PIRE)

Cependant, au début de l'année 2000, la Commission Fédérale de Communications (FCC, aux états Unis) a alloué une partie du spectre radiofréquence pour les applications de télémétrie médicale sans fil (WMTS, Wireless Medical Telemetry Service) comme indiqué dans le tableau (I.2) [9-10].

Tableau I. 2- Bandes WMTS

Bandes de fréquences (MHz)	Fréquence centrale f_c (MHz)	Puissance maximale
460 à 470	465	100 mW(PIRE)
608 à 614	611	12 mW(PIRE)
1395 à 1400	1397.5	164 mW(PIRE)
1427 à 1432	1429.5	164 mW(PIRE)

V. Conclusion

Au cours de ce chapitre, nous avons présenté les applications médicales envisagées par notre équipe de recherche : l'électrocardiographie (ECG) et l'électroencéphalographie (EEG) tout en mettant l'accent sur les différents examens souvent demandés par le médecin traiteur et les caractéristiques des différents signaux électriques enregistrés permettant ainsi de détecter les éventuelles anomalies.

En plus, nous avons présenté le système de bio-télémétrie adopté permettant l'enregistrement de ces deux signaux soit au domicile du patient soit directement dans un centre médical offrant ainsi plus de liberté et de mobilité au patient. Des électrodes actives portées par le patient ou implantées dans son corps (selon l'application envisagée) se chargent de la capture des donnés médicales qui seront transmises au centre médical via la Station de Base Personnelle (SBP) et le réseau de récepteurs (dans le cas ou le patient est hospitalisé) ou à travers une connexion réseau sécurisée (dans le cas d'un enregistrement à domicile). Ces dispositifs forment des systèmes de transmission monocanal ou multicanaux dont nous avons présenté le schéma synoptique général relatif aux étages d'émission et de réception. Enfin, nous avons achevé ce chapitre par la présentation des différentes bandes de fréquences allouées à ces fins et qui représentent les contraintes principales de notre application.

Dans la suite, nous allons nous intéresser à l'étude et à la conception des antennes qui forment les différents points d'accès dans un centre médical. Il s'agit éventuellement des antennes à larges bandes de fréquences pour éviter la saturation des canaux de transmission dans le cas où on se trouve face à plusieurs enregistrements relatifs à certains patients en même temps.

Bibliographie du Chapitre I

[1]   P. Mohseni and K. Najafi, "A 1.48-mW low-phase-noise analog frequency modulator for wireless biotelemetry", *IEEE Transaction on Biomedical Engineering*, vol. 52, no. 5, pp. 938-943, May 2005.

[2]   J. Sende, "*Guide pratique de l'ECG*", Edition ESTERN, Paris, 2003.

[3]   J. D. Bronzino, "*The Biomedical Engineering HandBook*", Deuxième édition, CRC Press LLC, 2000.

[4]   R. B. Northrop, "*Analysis and Application of Analog Electronic Circuits to Biomedical Instrumentation*", CRC Press LLC, Florida, 2004.

[5]   J. G. Webster, "Reducing motion artifacts and interference in Biopotential recording", *IEEE Transaction on Biomedical Engineering*, vol. BME-31, no. 12, pp. 823-826, December 1984.

[6]   Norme Européenne I-ETS / norme Française NF EN 300 220-1, Août 1999, Télécommunications. Compatibilité électromagnétique et spectre radioélectrique (ERM) – Dispositifs à faible portée.

[7]   Agence nationale des fréquences, Dispositions diverses pour la gestion et l'utilisation des bandes de fréquences, ANFR/DR-03, Edition 1999.

[8]   S. D. Baker, S. W. King, et J. P. Welch, "Performance measures of ISM-band and conventional telemetry", *IEEE Engineering in Medicine and Biology Magazine*, Vol. 23, No. 3, pp. 27-36, May/Juin 2004.

[9]   Commission des communications fédérales (FCC), "Report and Order Amendment of Parts 2 and 95 of the Commission's Rules to Create a Wireless Medical Telemetry Service", FCC 00-211, 12 Juin 2000.

[10]   Rapport du département de santé et services humaines, "FDA Public Health Notification: Risk of Electromagnetic Interference with Medical Telemetry Systems Operating in the 460-470 MHz Frequency Bands", Rockville, Maryland, 16 Novembre 2005.

[11]   M. Webster, "Merriam-Webster's Collegiate1 Dictionary", Dictionnaire online Disponible sur le site web: http://www.m-w.com/home.htm

[12]   B. Fouillat, "Le corp Humain", Site web disponible sur le lien suivant : http://anatomieludique.unblog.fr/le-coeur/

[13]   R. Dubois, "Application des nouvelles méthodes d'apprentissage à la détection précoce d'anomalies en électrocardiographie" , Thèse de Doctorat, Université Paris 6, Janvier 2004.

[14]   B. Khaddoumi, "Analyse et modélisation d'électrocardiogrammes dans le cas de pathologies ventriculaires", Thèse de Doctorat, DOCTORAT, Université Nice-Sophia Antipolis, Juin 2005.

[15]   J. P. Couderc, "Analyse quantitative des composantes temps-Echelle de l'ECG à haute résolution moyenne pour l'évaluation du risque de tachycardies ventriculaires et de la mort subite après un infarctus du Myocarde", Thèse de Doctorat, Institut National des Sciences Appliquées de Lyon, Janvier 1997.

[16]   M. Dhieb, "Etude et Conception d'électrodes pour la capture des signaux", Mémoire de Mastère, Université de Sfax, ENIS, Juin 2005.

[17]   N. V. Thakor, J.G. Webster, "Ground-Free ECG recording with two electrodes", *IEEE Transaction on Biomedical Engineering*, Vol. BME-27, No. 12, pp. 699-704, December 1980.

[18]   B. B. Winter, J. G. Webster, "Reducing of interference due to common mode voltage in biopotential amplifiers", *IEEE Transaction on Biomedical Engineering*, Vol. BME-30, No. 1, pp. 58-62, January 1983.

[19]   C. Matteucci, "Sur un phénomène physiologique produit par les muscles en contraction", *Annales de Chimie et de Physique*, vol. 6, pp. 339-341, 1842.

[20]   J. Burdon-Sanderson, " Expérimental results relating to the rhythmical and excitatory motions of the ventricle of the frog ", *Proceedings of the Royal Society*, vol. 27, pp. 410-414, London, 1878.

[21]   C. Ader, " Sur un nouvel appareil enregistreur pour câbles sous-marins ", *Comptes Rendus de l'Académie des Sciences*, vol. 124, pp. 1440-1442, Paris, 1897.

[22]   W. Einthoven, " The string galvanometrer and the human electrocardiogram ", *Proceeding of the Koninklijke Nederlandse Akademie van Wetenschappen*, vol. 6, pp. 107-115, 1903.

[23]   A. C. Ernestine, S. A. Avine, " A comparison of records taken with the Einthoven string galvanomter and the amplifier-type electrocardiograph ", *American Heart Journal*, vol. 4, pp. 725-731, 1928.

[24]   C. C. Wolferth, F. C. Wood, " The electrocardiographic diagnosis of coronary occlusion by the use of chest leads ", *American Journal of the Medical Sciences*, vol. 183, pp. 30-35, 1932.

[25]   E. Goldberger, " Methods for measuring the resistance at any point on the body and for equalizing inequalities of skin resistance ", *British Heart Journal*, vol. XII, No. 1 pp. 549-554, 1951.

[26]   "Les-examens-medicaux-de-a-a-z", Support disponible sur le lien suivant: http://www.test-achats.be/diagnostics-et-traitements/20070820/les-examens-medicaux-de-a-a-z-FreeSample_s456693.pdf

[27]   N. J. Holter, "New method for heart studies: Continuous electrocardiography of active subjects over long periods is now practical", *Science*, Vol. 134, No. 3486, October 1961.

[28]   A. B. Ramli, P. A. Ahmad, "Correlation analysis for abnormal ECG signal feature extraction", *4th conference On Telecommunication Technologies proceedings*, pp. 232 – 237, Malaysia, 2003.

[29] "L'électrocardiographie", Cours de Cardiologie pédiatrique pour les parents, leurs enfants et les professionnels de la santé, Publié par le service de cardiologie pédiatrique de la clinique universitaire Saint Luc Bruxelles., disponible sur le lien : http://www.md.ucl.ac.be/peca/plandeta.html

[30] "Pathologie cardio-vasculaire", Cours publié par la faculté de médecine rené Descartes, Université Paris 5, disponible sur le lien : http://www.ampcfusion.com/stuff/polyD2/poles/cardiopol1.pdf

[31] J. D. Lamare, "*Dictionnaire Médical Garnier de Lamare*", 29ième édition, 2ième tirage, Paris, 1998.

[32] A. Kachenoura, "Traitement Aveugle de Signaux Biomédicaux", Thèse de Doctorat, Université de Rennes 1, Juillet 2006.

[33] H. Berger, "Sur l'électroencéphalogramme des gens, Über das Elektroenkephalogram des Menschen", *Archives of Neurology and Psychiatry*, vol. 87, pp. 527-570, 1929.

[34] F. A. Gibbs, "Prof. Dr. Hans Berger 1873-1941", *Archives of Neurology and Psychiatry*, vol. 46, pp. 514-516, 1941.

[35] B. Pidoux, "Electro-encéphalogramme : bases électrophysiologiques", Cours présenté à l'université de Paris 6, 2007 /2008.

[36] L. Garnero, "Les bases physiques et physiologiques de La Magnétoencéphalographie et de l'Electroencéphalographie", Présentation au sein du laboratoire de Neurosciences Cognitives et Imagerie Cérébrale, CNRS-UPR640-LENA, Disponible sur le lien : http://www.labos.upmc.fr/center-meg/media/ecp2001/Meg11.pdf.

[37] E. D. Adrian, "The Mechanism of Nervous Action: Electrical Studies of the Neurone", *Archives of Neurology and Psychiatry*, vol. 32, No. 2, 1934.

[38] P. Gelissea, P. Thomasb, N. Engrandc, V. Navarrod, A. Crespela, "Electroencéphalographie dans les états de mal épileptiques : glossaire, protocole et interprétation", *Conférence formalisée d'experts*, Publié par Elsevier Masson SAS, pp. 99 – 105, Octobre 2008.

[39]   M. S. Chae, W. Liu, M. Sivaprakasam, "Design Optimization for Integrated Neural Recording Systems", *IEEE Journal of Solid-State Circuits*, Vol. 43, No. 9, pp. 1931-1939, September 2008.

[40]   A. Kaminska, P. Plouin, "Apport de l'EEG dans le diagnostic et le suivi des épilepsies de l'enfant", *Médecine thérapeutique / Pédiatrie*, Vol. 9, No. 5, pp.279-292, Septembre – Décembre, 2006.

[41]   J. Malmivuo, R. Plonsey, "*Bioelectromagnetism : Principles and Applications of Bioelectric and Biomagnetic Fields*", Oxford University Press, New York, 1995.

[42]   A. Astaras, M. Arvanitidou, I. Chouvarda, V. Kilintzis, V. Koutkias, E.M. Sanchez, G. Stalidis, A. Triantafyllidis, N. Maglaveras, "An integrated biomedical telemetry system for sleep monitoring employing a portable body area network of sensors (SENSATION) ", *Proceeding of the 30th Annual International Conference of the IEEE Engineering in Medicine and Biology Society (EMBC2008)*, pp. 5254-5257, Vancouver, Canada, 20-24 August 2008.

[43]   M. Yamashita, K. Shimizu, "Development of Wide-area Telemetry System", *The 17th International Symposium on Biotelemetry*, Brisbane, Australia 2003.

[44]   P. Roncagliolo, L. Arredondo, A. Gonzalez, "Biomedical signal acquisition, processing and transmission using smartphone", *The 16th Argentine bioengineering congress and the 5th conference of clinical engineering, IOP publishing, Journal of physics : Conference serie 90*, 2007.

[45]   J. Ayadi, J. Gerrits, Q. Xu, A. Hutter, P. Eggers, I. Kovacs, "Design and Performance Analysis of UWB Communication System for Low Data Rate WPAN Applications", *Power Aware Communications for Wireless Optimized personal Area Network*, Information Societies Technology (IST) Programme, October 2003.

[46]   R. H. Olsson, D. L. Buhl, A. M. Sirota, G. Buzsaki, K. D. Wise, "Band-Tunable and Multiplexed Integrated Circuits for Simultaneous Recording and Stimulation with Microelectrode Arrays", *IEEE Transactions on Biomedical Engineering*, Vol. 52, No. 7, pp. 1303-1311, July 2005.

[47]   M. Yin, M. Ghovanloo, "Using Pulse Width Modulation for Wireless Transmission of Neural Signals in a Multichannel Neural Recording System", *IEEE International Symposium on Circuits and Systems : ISCAS 2007*, Vol. 27, No. 30, pp. 3127 – 3130, May 2007.

[48]   M. Yin, M. Ghovanloo, "Wideband flexible transmitter and receiver pair for implantable wireless neural recording applications", *IEEE Northeast Workshop on Circuits and Systems: NEWCAS 2007*, Vol. 5, No. 8, pp. 85-88, August 2007.

[49]   M. Yin, M. Ghovanloo, "A wideband PWM-FSK receiver for wireless implantable neural recording applications", *IEEE International Symposium on Circuits and Systems: ISCAS 2008*, Vol. 18, No. 21, pp. 1556-1559, May 2008.

[50]   G. B. Hmida, A. L. Ekuakille, A. Kachouri, H. Ghariani, A. Trotta, "Extracting Electrical power from human body for supplying neural recording system", *International Journal on smart sensing and Intelligent Systems*, Vol. 2, No. 2, pp. 229-245 , June 2009.

[51]   N. M. Neihart, R. R. Harrison, "Micropower Circuits for Bidirectional Wireless Telemetry in Neural Recording Application", *IEEE Transaction on Biomedical Engineering* , Vol. 52, No. 11, pp. 1950-1959, Nov 2005.

Chapitre *II*

Les antennes indépendantes de la fréquence : théorie, simulation et réalisation

I. Introduction

L'utilisation des structures à bandes de fréquences larges requiert des antennes dont les paramètres restent le plus constant possible sur toute la bande utile.

Cependant, les propriétés caractéristiques d'une antenne comme son impédance d'entrée, directivité, gain, polarisation etc.., dépendent fortement de la fréquence d'utilisation puisqu'ils sont déterminés à partir de la forme de l'antenne et ses dimensions rapportées à la longueur d'onde. Les variations de ces caractéristiques avec la fréquence limitent ainsi la bande passante de l'antenne [1-3].

Afin de résoudre ce problème, l'idée des antennes indépendantes de la fréquence, qui fournissent idéalement une bande passante infinie, a été introduite la première fois par Rumsey [1]. Il a proposé que si la forme d'une antenne sans pertes est entièrement définie par des angles (i.e une antenne équiangulaire), ses performances radioélectriques resterait inchangées avec la fréquence, autrement dit les dimensions relatives de l'antenne se trouvent égales à toutes les longueurs d'ondes. Ainsi chaque changement de fréquence correspondra tout simplement à un changement d'échelle (changement d'angle) autour d'un pôle d'expansion déjà définie sur la structure de base [2-5]. En plus, en s'inspirant du concept de la dépendance d'angle, une autre structure a été développée par Duhamel et Isbell, dont les propriétés radioélectriques sont des fonctions périodiques avec le logarithme de la fréquence [6-7] ; donc elles restent inchangées avec la fréquence. Ces structures sont formées par des éléments rayonnants qui se déduisent les uns des autres par un certain rapport d'homothétie, elles ont été présentées sous le nom d'antenne dipôle à période logarithmique (LPDA) [7].

Au cours de ce chapitre, l'antenne équiangulaire sera développée dans une première partie, et l'antenne à période logarithmique sera abordée dans la seconde. Enfin, nous terminons par la conception et la réalisation d'une antenne LPDA destinée à la bio-télémétrie.

II. Antennes équiangulaires

Ces antennes sont entièrement définies par leurs dimensions angulaires, elles ont été décrites par Dyson en 1959 [4-5]. On distingue trois types d'antennes: la spirale logarithmique, la spirale conique et la spirale de type Archimède.

Pour ce type d'antenne, si toutes les dimensions seront multipliées par un facteur K, les performances de l'antenne restent inchangées si la longueur d'onde de travail augmente aussi du même facteur K [1].

L'expression générale en coordonnées sphériques de leur forme géométrique peut se mettre sous la forme suivante:

$$r = e^{a(\varphi + \varphi_0)} . F(\theta) \tag{II-1}$$

Où a et φ_0 sont deux constantes et F est une fonction quelconque ne dépendant que de θ.

Théoriquement, ces antennes présentent une bande passante infinie, cependant, en pratique leur bande passante est finie à cause des dimensions finies de l'antenne.

II.1. Approche générale

Nous allons déterminer dans ce paragraphe les formes de ces structures entièrement définies par des angles. Le problème général est de trouver toutes les surfaces déduites d'un pôle d'expansion O (le point d'alimentation de la structure) qui par un changement d'échelle (équivalent à un changement de fréquence) donnent des surfaces identiques, en admettant une rotation autour d'un axe (A) passant par O comme c'est illustré dans la figure (II.1). Si de telles surfaces supposées conductrices représentent une antenne, cette dernière possédera des propriétés indépendantes de la longueur d'onde à une rotation près des axes des coordonnées [4-5].

En pratique, l'antenne est limitée à deux sphères de rayons r_2 (dimension maximale) et r_1 (dimension minimale) définissant respectivement les fréquences limites inférieures et supérieures de sa bande passante. Le rayon r_1 doit être petit devant la longueur d'onde de la fréquence supérieure de la bande passante pour que la zone d'excitation (éventuellement d'alimentation) ait peu d'influence sur l'impédance d'entrée et la répartition des courants sur l'antenne [8-10].

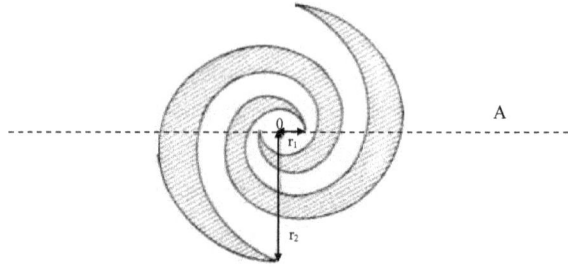

Figure II. 1- Exemple d'une antenne équiangulaire

Les dimensions minimales seront presque toujours imposées par les circuits d'alimentation, tandis que les maximales seront limitées par l'encombrement acceptable pour l'application visée.

Si $r = F(\theta, \varphi)$ représente une telle surface en coordonnées sphériques et $r' = F(\theta', \varphi')$ la surface déduite de la première, la condition exprimant une expansion est la suivante pour toutes valeurs de (θ, φ) [1]:

$$K \, F(\theta, \varphi) = F(\theta', \varphi') \tag{II-2}$$

Considérons une courbe définie en coordonnées polaires par son rayon vecteur $r(\varphi)$, φ étant l'angle de rotation. Pour que cette courbe soit uniquement définie par des angles, il faut qu'après une certaine rotation d'un angle γ constant quelque soit φ, nous retrouvions la même courbe à une échelle près, autrement dit que nous trouvions une courbe homothétique de la première. Si K est le rapport d'homothétie, nous devrons avoir [1]:

$$K \, r(\varphi) = r(\varphi + \gamma) \tag{II-3}$$

K dépend évidemment de la rotation γ qui a été choisie, mais K et γ sont indépendants de φ et de r. Si nous dérivons par rapport à γ, nous aurons :

$$r(\varphi) \frac{\partial K}{\partial \gamma} = \frac{\partial r(\varphi + \gamma)}{\partial \gamma} \tag{II-4}$$

Et en dérivant par rapport à φ, nous aurons :

$$K \frac{\partial r(\varphi)}{\partial \varphi} = \frac{\partial r(\varphi + \gamma)}{\partial \varphi} \tag{II-5}$$

Cependant, nous avons [1] :

$$\frac{\partial r(\varphi + \gamma)}{\partial \gamma} = \frac{d r(\varphi + \gamma)}{d(\varphi + \gamma)} = \frac{\partial r(\varphi + \gamma)}{\partial \varphi} \tag{II-6}$$

Ce qui donne avec les relations précédentes :

$$r(\varphi)\frac{\partial K}{\partial \gamma} = K\frac{\partial r(\varphi)}{\partial \varphi} \qquad\qquad (\text{II-7})$$

Soit encore :

$$\frac{1}{r(\varphi)}\frac{\partial r(\varphi)}{\partial \varphi} = \frac{1}{K}\frac{\partial K}{\partial \gamma} \qquad\qquad (\text{II-8})$$

Posons [1] :

$$a = \frac{1}{K}\frac{\partial K}{\partial \gamma} \qquad\qquad (\text{II-9})$$

La relation devient alors :

$$\frac{dr}{d\varphi} = a.\,r \qquad\qquad (\text{II-10})$$

Ce qui donne en intégrant :

$$r = r_0 e^{a\varphi}$$
$$r_0 = e^{a\varphi_0} \qquad\qquad (\text{II-11})$$

Un changement de fréquence correspond à :

$$\frac{r}{\lambda} = \frac{r_0}{\lambda}e^{a\varphi_0} = r_0 e^{a\left[\varphi_0 - \frac{\ln \lambda}{a}\right]} = r_0 e^{a[\varphi_0 - \varphi_1]}$$
$$\varphi_1 = \frac{1}{a}\ln \lambda \qquad\qquad (\text{II-12})$$

Pour deux fréquences distinctes comprises théoriquement entre 0 et l'infini, les rayonnements électromagnétiques correspondants seront identiques, à une rotation près autour de l'axe de révolution.

Le diagramme se retrouve identique à lui-même pour $K = e^{2\pi a}$; c'est-à-dire pour une période en fréquence de $2\pi a$. Un déplacement de la fréquence revient alors à un déplacement le long de la spirale. On peut ainsi imaginer une famille d'antennes à bande passante théoriquement infinie. Ces antennes sont constituées par des brins rayonnants enroulés en spirales sur des surfaces de révolution à nappes infinies et équidistantes les unes des autres en rotation autour de l'axe (A) [2-5].

II.2. Antenne à spirale logarithmique

L'antenne spirale équiangulaire ou logarithmique fait partie des antennes indépendantes de la fréquence, puisqu'elle peut être définie uniquement par ses angles. Son équation en coordonnées polaires (r,θ) peut s'écrire sous la forme [8-10]:

$$r = r_0 e^{a\theta} \tag{II-13}$$

Avec r_0 le rayon vecteur à l'origine (correspondant à $\theta_0 = 0$) et a le coefficient d'expansion de la spirale.

Cependant, pour que l'antenne ait une impédance constante, sur toute la gamme de fréquences, il faut que la largeur de la partie rayonnante de l'antenne demeure proportionnelle à la longueur des brins [4,8]. De plus, si on souhaite que l'antenne garde une structure symétrique, l'antenne doit être constituée de deux brins identiques, chacun de ces brins formant deux spirales de même centre comme illustré à la figure (II.2).

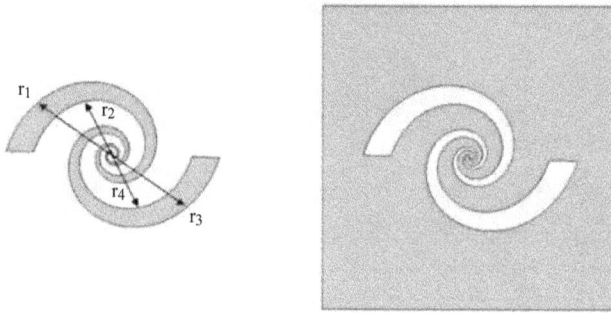

Figure II. 2- Antenne à spirale logarithmique

L'antenne spirale logarithmique est donc régie par 4 équations, deux pour chaque conducteur. Le premier conducteur a pour équation [4]:

$$r_1 = r_0 e^{a\theta}$$
$$r_2 = r_0 e^{a(\theta - \delta)} \tag{II-14}$$

δ définissant la largeur angulaire entre les deux courbes. Alors que le second conducteur a pour équation :

$$r_3 = r_0 e^{a(\theta - \pi)}$$
$$r_4 = r_0 e^{a(\theta - \pi - \delta)} \tag{II-15}$$

Du fait de la géométrie de la structure, la polarisation du signal rayonné est circulaire. Aux fréquences où la longueur des conducteurs est très petite par rapport à la longueur d'onde, la polarisation est linéaire. Si la fréquence augmente (longueur des brins augmente), la polarisation du champ devient elliptique puis circulaire [4-5].

On alimente cette antenne au milieu de la structure de telle sorte que les deux conducteurs soient en opposition de phase. Les doublets ainsi produits tout au long de la structure créent des champs maximaux dans les directions normales au plan de l'antenne, ce qui implique que la spirale logarithmique possède un rayonnement bidirectionnel.

Par ailleurs, plus la fréquence est basse, plus les parties de la spirale qui vont participer au rayonnement sont éloignées de l'alimentation et donc du centre de l'antenne. Et inversement, plus la fréquence est élevée, plus les parties participant au rayonnement se trouvent rapprochées du centre de l'antenne. Ce comportement, caractéristique des antennes indépendantes de la fréquence, montre que le centre de phase varie en fonction de la fréquence et que par conséquent cette antenne est dispersive [11].

II.3. Antenne spirale conique

Cette antenne est une forme dérivée de l'antenne spirale où les spirales sont enroulées sur un cône en matériau diélectrique comme illustré à la figure (II.3) où les paramètres de base d'une telle structure sont définis [12-13].

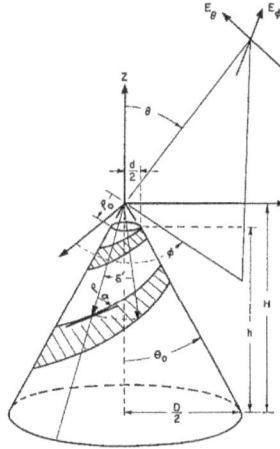

Figure II. 3- Antenne spirale conique

Le paramètre θ_0 détermine l'angle du demi-cône alors que α représente l'angle d'enroulement des spirales. La largeur angulaire de l'extension exponentielle de la spirale est définie par l'angle δ qui est la projection de δ' sur un plan perpendiculaire à l'axe de l'antenne. Ces angles sont constants pour n'importe quelle structure donnée, le rayon vecteur pour n'importe quel point placé sur l'antenne spirale conique est représenté par l'équation (II-16).

$$\rho = \rho_0 e^{b(\phi-\delta)} \ , \ b = \frac{\sin \theta_0}{\tan \alpha} \qquad \text{(II-16)}$$

Les bords de la spirale initiale sont définis en fixant $\delta = 0$ et une deuxième valeur choisie entre 0 et π alors que la deuxième spirale est obtenue en multipliant les équations de la spirale précédente par un facteur égal à $e^{-b\pi}$ [12].

La polarisation du champ est circulaire pour un demi-angle du cône inférieur à 60°. Si l'angle dépasse 60°, la polarisation devient elliptique.

Théoriquement, l'antenne spirale conique possède une bande passante infinie, mais en pratique, du fait de ses dimensions finies, elle couvre une bande passante de quelques octaves dépendant essentiellement des rayons externes de la spirale. Contrairement à l'antenne précédente qui avait un rayonnement bidirectionnel, cette antenne a un rayonnement unidirectionnel, le maximum du champ étant orienté selon l'axe du cône [12].

A chaque fréquence, seule une partie des brins de l'antenne rayonne. La distance par rapport à l'alimentation de ces brins correspond à une longueur d'onde, ce qui signifie que le centre de phase de cette antenne n'est pas constant en fonction de la fréquence, et par conséquent, cette antenne, comme la précédente, est dispersive. Mais comme l'antenne est à trois dimensions, le centre de phase va varier très fortement le long de l'axe du cône; par conséquent, cette antenne sera plus dispersive que l'antenne à spirale logarithmique. En plus, la réalisation de cette structure complexe, est relativement difficile.

II.4. Antenne à spirale d'Archimède

L'antenne à spirale d'Archimède est formée de deux brins linéairement proportionnels à l'angle θ et est régie par l'équation (II-17) [14-15].

$$r = r_0\, \theta + r_1 \text{ et } r = r_0\, (\theta - \pi) + r_1 \tag{II-17}$$

Où r et θ sont définis en coordonnées polaires, alors que r_1 représente le rayon intérieur de la spirale et r_0 la constante de proportionnalité dépendant essentiellement de la largeur w de chaque conducteur et de l'espacement s entre eux. Elle est déduite à partir de l'équation (II-18).

$$r_0 = \frac{s + w}{\pi}$$
$$s = \frac{r_2 - r_1}{2N} - w \tag{II-18}$$

Où N représente le nombre de tours des deux brins et r_2 le rayon extérieur de la spirale. Ces paramètres sont choisis de telle sorte que l'antenne soit auto-complémentaire [16-17], i.e la largeur du conducteur est égale à l'écart entre les conducteurs. Dans ce cas, r_0 et s doivent satisfaire la relation donnée par l'équation (II-19).

$$s = w \Rightarrow \begin{cases} r_0 = \dfrac{2\,w}{\pi} \\[2mm] s = \dfrac{r_2 - r_1}{4N} \end{cases} \qquad\qquad \text{(II-19)}$$

Le rayon r_1 définit la fréquence haute de la bande passante alors que le rayon r_2 définit la fréquence basse. L'antenne à spirale d'Archimède fait aussi partie des antennes indépendantes de la fréquence. La figure (II.4) illustre l'exemple d'une antenne à spirale d'Archimède à deux brins.

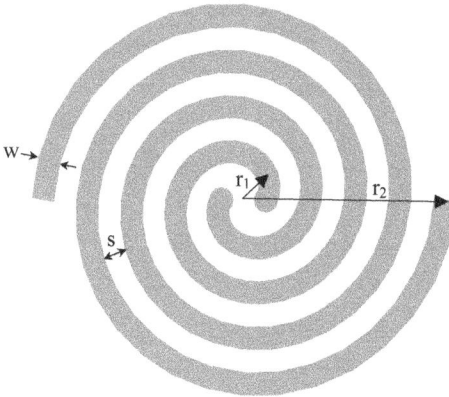

Figure II. 4- Antenne à spirale d'Archimède

La zone de rayonnement (région active) d'une antenne spirale d'Archimède à deux brins se trouve sur un cercle de diamètre $d = \dfrac{\lambda}{\pi}$. Le gain d'une antenne spirale croit avec la fréquence jusqu'à une valeur asymptotique lorsque $d \ggg \dfrac{\lambda}{\pi}$. Lorsque le diamètre de l'antenne est inferieur à $d = \dfrac{\lambda}{\pi}$, le gain est faible. En effet, tant que le diamètre est inferieur à $d = \dfrac{\lambda}{\pi}$, les courants sur les deux brins rayonnants ne sont pas en phase, le rayonnement est donc faible [14]. Un diamètre trop petit entraine également une augmentation du taux d'ondes stationnaires VSWR et du taux d'ellipticité car l'amplitude du courant à l'extrémité de la spirale est importante ; ce qui entraine l'apparition d'un courant réfléchi qui se propage de l'extrémité de l'antenne vers la zone d'alimentation. Un diamètre trop grand a pour conséquence une distorsion des diagrammes due à l'excitation de modes d'ordre supérieur de rayonnement.

Cependant, ce type d'antenne est plus utilisé que les antennes à spirale logarithmique car, à performance égale (même bande passante), cette structure est plus compacte que la spirale logarithmique: L'étalement linéaire des brins de la spirale permet de faire plus de tours par unité de surface que l'antenne équiangulaire. Ses spécificités ressemblent beaucoup à celles des types d'antennes à spirales qu'on a vues précédemment. Sa bande passante est de plusieurs octaves, sa polarisation est circulaire et son diagramme de rayonnement est bidirectionnel. Mais comme toutes les antennes spirales, cette antenne est dispersive: son centre de phase varie en fonction de la fréquence.

III. Antennes log-périodiques ou à période logarithmique

III.1. Définition

Les antennes à période logarithmique sont développées par Duhamel et Isbell [6]. Elles sont considérées comme des antennes à large bande, mais elles ne sont pas vraiment indépendantes de la fréquence parce qu'elles ont une bande d'opération bien définie et fixée par les éléments les plus court et les plus long.

Pratiquement l'antenne doit être de longueur finie, les caractéristiques de rayonnement changent considérablement au-dessous de la limite inférieure (basse fréquence). Ce phénomène se nomme comme " effet de troncation " (ou effet de longueur finie). Contrairement à l'effet de troncation, l'impédance d'entrée peut être maintenue à une valeur constante à des fréquences plus élevées.

Les caractéristiques électriques de ce type d'antennes données à une fréquence f_0 (impédance, VSWR, directivité) se répètent à $\tau_n.f_0$ vu que la structure se reproduit avec un facteur d'échelle τ.

III.2. Paramètres

Un des paramètres les plus importants qui décrivent les antennes périodiques en général est présenté dans l'équation (II-18). Ce paramètre est connu comme facteur de graduation "Scaling factor", il permet de conserver les dimensions de l'antenne constantes par rapport à la longueur d'onde λ. Cette condition est nécessaire pour maintenir les mêmes caractéristiques de rayonnement et impédance sur une grande plage de fréquences [18].

On conçoit que, dans ces conditions, des propriétés presque indépendantes de la fréquence peuvent être obtenues si la période de la variation est choisie suffisamment faible, ce qui revient à prendre des valeurs de τ voisines de l'unité.

Comme pour les antennes équiangulaires, la structure ne peut pas s'étendre indéfiniment et ce sont les dimensions des éléments rayonnants extrêmes qui fixent la bande passante. La périodicité logarithmique existe dans cette bande mais se dégrade vers ses extrémités.

Les paramètres les plus importants dans la conception des antennes à période logarithmique sont donnés par les équations (II-20), (II-21) et (II-22).

$$\tau = \frac{l_{i+1}}{l_i} = \frac{d_{i,j+1}}{d_{j-1,i}} \qquad\qquad\qquad (\text{II-20})$$

$$\sigma = \frac{d_{i,j+1}}{2l_i} = \frac{1-\tau}{4\sigma} \qquad\qquad\qquad (\text{II-21})$$

$$\alpha = \tan^{-1}\left(\frac{1-\tau}{4\sigma}\right) \qquad\qquad\qquad (\text{II-22})$$

L'équation (II-20) est liée à l'espacement entre les éléments adjacents. Cet espace se rétrécit quand la fréquence augmente. Nous devons choisir ce facteur très petit pour rendre chaque cycle aussi semblable que le précédent, mais il faut faire attention car si les éléments sont très proches ou très éloignés, S_{11} peut dépasser 10 dB. En plus il faut bien choisir le paramètre α parce que s'il est fixé à une valeur très petite ou très grande, l'hypothèse supposée précédemment (impédance constante) ne serait plus conservée [19].

III.3. Principe de fonctionnement

Les structures périodiques sont également définies par des angles et elles présentent ainsi une grande parenté avec les antennes équiangulaires. Les dimensions des éléments se déduisent les unes des autres par les relations définies dans l'équation (III-18) et la bande passante se fixe par les fréquences de coupure des éléments les plus grands et les plus petits dans la structure. Le plus grand élément avec une longueur de l'ordre de $\frac{\lambda}{2}$ détermine la fréquence de coupure basse, alors que l'élément le plus court ayant une longueur de l'ordre de $\frac{\lambda}{2}$ fixe la fréquence de coupure haute. Habituellement, on ajoute plus d'éléments aux hautes fréquences pour assurer la stabilité des caractéristiques. Typiquement, les antennes périodiques se composent de beaucoup d'éléments d'antenne divisés sur trois régions principales selon la fréquence d'opération. Elles sont connues comme région active, région de transmission et région non excitée [20]. La région de transmission se compose des éléments physiquement plus petits situés avant la région active, ces éléments doivent se comporter comme une ligne de transmission. En plus, ils sont les éléments les plus courts et les moins espacés dans la structure, ils sont également à côté du point d'alimentation. Dans cette région, les éléments adjacents sont en opposition de phase, ils rayonnent une quantité négligeable d'énergie et par conséquent le courant est petit mais la tension reste proportionnelle à celle de l'alimentation.

La région active se compose des éléments dont la longueur est proche de $\frac{\lambda}{2}$ à la fréquence de fonctionnement. Quand l'onde atteint cette région, la tension diminue tandis que le courant augmente. L'augmentation linéaire de la phase du courant force l'onde dans la direction des éléments les plus petits produisant ainsi le rayonnement [20]. L'énergie transmise à partir des plus courts éléments actifs vers les plus longs éléments inactifs diminue très rapidement, une quantité négligeable d'énergie est reflétée par l'extrémité tronquée. Les plus longs éléments actifs rayonnent l'énergie dans la direction des plus courts éléments en raison de l'inversion de phase entre ces éléments.

La région non excitée se compose des plus grands éléments dans l'antenne qui doivent rester non excité à une fréquence donnée. Dans cette région, la tension et le courant dans les éléments sont négligeables vu que toute l'énergie a été atténuée dans la région active et par conséquent une quantité négligeable atteint cette région.

III.4. Exemples de formes d'antennes Log-périodiques

Dans ce paragraphe, on va examiner les différentes formes couramment utilisées des antennes à période logarithmiques, la plus connue étant l'antenne LPDA (Log Periodic Dipole Array).

III.4.1. Antenne Log-périodique de forme circulaire

La forme de cette antenne est illustrée par la figure (II.5) [21].

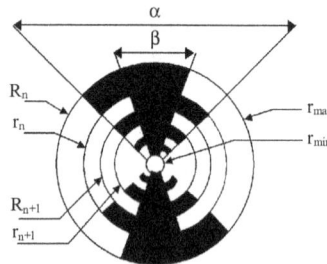

Figure II. 5- Antenne log-périodique circulaire

Cette antenne de forme circulaire est déterminée par les relations suivantes :

$$\tau = \frac{R_{n+1}}{R_n} = \frac{r_{n+1}}{r_n}$$

$$\chi = \frac{r_n}{R_n}$$

(II-23)

Où τ définit la périodicité des caractéristiques de l'antenne, χ définit la largeur des dents, α et β définissent la longueur des dents et r_{min} et r_{max} limitent les extrémités de la structure.

Cette antenne peut avoir une bande passante de plusieurs octaves. La fréquence basse d'adaptation est fixée par la dimension de la plus longue des dents ($\frac{l}{4}$ à cette fréquence) et la fréquence haute d'adaptation est reliée à la dent de plus petite dimension. La conséquence immédiate de ceci est que l'antenne est dispersive, comme pour les autres antennes indépendantes de la fréquence.

Le diagramme de rayonnement est bidirectionnel, il est symétrique par rapport au plan de l'antenne avec des maxima suivant la normale à ce plan et des minima dans ce plan. L'ouverture dépend fortement du rapport de périodicité. Le gain vaut typiquement 4 dBi. La polarisation est linéaire avec des ouvertures identiques dans les plans E et H.

III.4.2. Antenne Log-périodique de forme trapézoïdale

L'antenne log périodique de forme trapézoïdale est un autre exemple d'antenne log-périodique [17]. Cette antenne se déduit aisément de la précédente. Une représentation de l'antenne trapézoïdale est illustrée par la figure (II.6).

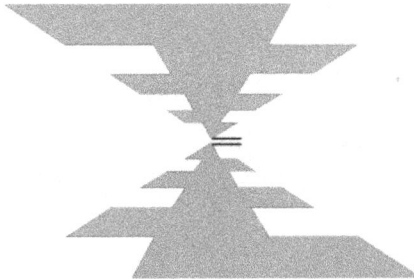

Figure II. 6- Antenne log-périodique trapézoïde

Cette antenne qui est plus facile à construire que la précédente, est plus couramment utilisée que l'antenne de forme circulaire. Elle possède exactement les mêmes caractéristiques: diagramme de rayonnement bidirectionnel, bande passante de plusieurs octaves, antenne dispersive. Elle est facilement réalisable sur un circuit imprimé simple ou multicouche.

On peut aussi utiliser quatre armatures au lieu de deux afin d'améliorer d'avantages les caractéristiques radioélectriques de l'antenne comme c'est indiqué sur la figure (II.7) [22].

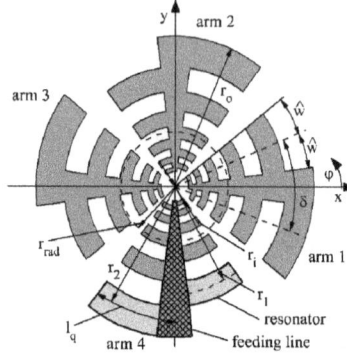

Figure II. 7- Antenne planaire log-périodique avec 4 armatures

Cependant, pour améliorer d'avantage l'impédance d'entrée de cette structure auto complémentaire, la forme des armatures peut être modifiée comme illustré à la figure (II.8) [22-24].

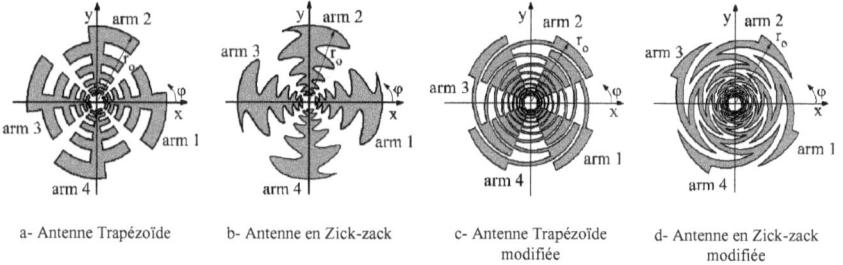

a- Antenne Trapézoïde   b- Antenne en Zick-zack   c- Antenne Trapézoïde modifiée   d- Antenne en Zick-zack modifiée

Figure II. 8- Modification de la géométrie de l'antenne

III.4.3. Antenne Log-périodique de forme rectangulaire à fentes (LPSA)

Le procédé de conception d'une antenne à fentes à période logarithmique LPSA est décrit dans [25]. La structure présentée est donnée par la figure (II.9). Une ligne coplanaire est employée pour alimenter l'antenne et les fentes agissent en tant qu'éléments de l'antenne. La longueur des différents éléments dans la rangée d'antenne est $\dfrac{\lambda}{8}$ à leur fréquence de résonance. Pour cette configuration, une largeur de bande entre 33 et 48% peut être obtenue selon le nombre d'éléments utilisé.

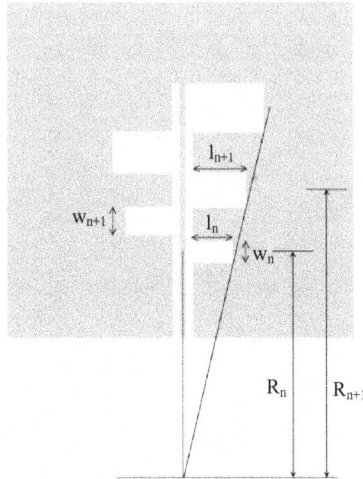

Figure II. 9- Antenne log-périodique de forme rectangulaire à fentes

III.4.4. Antenne à réseau de dipôles Log-périodiques (LPDA)

Ce type d'antenne a été introduit par Isbell , DuHamel et Carrel [7,18,26], il est illustré par la figure (II.10).

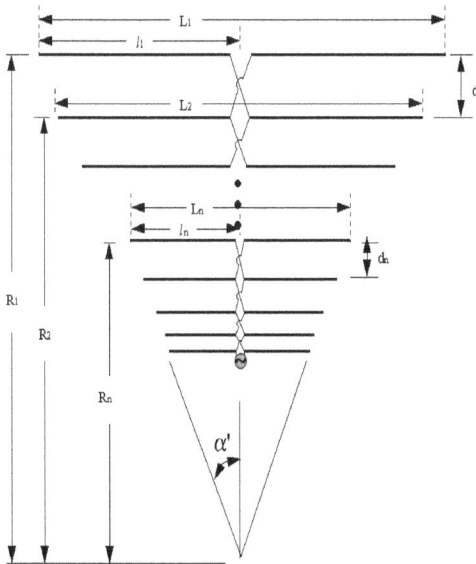

Figure II. 10- Antenne à réseau de dipôles Log-périodiques (LPDA)

Dans cette configuration, les distances et les longueurs des dipôles sont dimensionnées suivant une progression géométrique de raison τ. Les longueurs L et les distances R sont reliées par l'expression suivante :

$$\frac{L_1}{R_1} = \frac{L_n}{R_n} = 2\tan\alpha' \qquad\qquad (\text{II-24})$$

Où R_n : la distance entre le sommet et le $n^{\text{ième}}$ élément

$\quad L_n$: la longueur totale du $n^{\text{ième}}$ élément

$\quad \alpha'$: demi-angle formé par les extrémités des éléments rayonnants

En plus nous avons encore :

$$\frac{d_{n+1}}{d_n} = \frac{R_{n+1}}{R_n} = \tau \qquad\qquad (\text{II-25})$$

d_n est la distance entre le $n^{\text{ième}}$ et le $(n+1)^{\text{ième}}$ élément, en plus les éléments rayonnants ont une longueur égale au quart de la longueur d'onde λ. Soit encore :

$$\lambda_n \approx 4l_n \qquad\qquad (\text{II-26})$$

$$\sigma = \frac{d_1}{4l_1} = \frac{d_n}{4l_n} = \frac{1-\tau}{4\tan\alpha'} \qquad\qquad (\text{II-27})$$

Les performances de ce type d'antennes, particulièrement sur l'impédance d'entrée qui a fait l'objet de plusieurs travaux de recherches [27-30], dépendent du rapport de graduation τ et du facteur d'espace σ. En effet, Carrel a montré que l'impédance d'entrée du réseau d'antenne a l'expression suivante [18]:

$$R_0 = \frac{Z_0}{\sqrt{\dfrac{Z_0\sqrt{\tau}}{Z_a\,4\sigma}+1}} \qquad\qquad (\text{II-28})$$

Où Z_0 : impédance de la ligne d'alimentation

$\quad Z_a$: impédance d'entrée de chaque élément du réseau (dipôle) qui est de l'ordre de 73Ω.

D'après cette équation, on voit bien que cette impédance augmente si on minimise le facteur τ pour atteindre la valeur de l'impédance de la ligne d'alimentation.

En plus, De Vito et Stracca [31] ont découvert que pour les petites valeurs de τ, le nombre d'éléments, plus courts que le dipôle résonnant, était important parce qu'il pourrait se produire sans eux une dégradation remarquable du gain et de l'impédance d'entrée de l'antenne. Ils ont établi ainsi la formule suivante pour calculer le nombre d'éléments nécessaires dans le réseau:

$$N = 1 + \frac{\log\left(\dfrac{f_{max}}{f_{min}}\right)}{\log\left(\dfrac{1}{\tau}\right)} \qquad (II\text{-}29)$$

Ils ont également supposés que le gain diminuerait si l'impédance de la ligne d'alimentation augmente, alors qu'on pourrait l'augmenter si on maintient le facteur τ constant et on augmente la longueur totale de l'antenne.

IV. Conception et caractérisation expérimentales des antennes LPDA

Nous avons présenté dans les paragraphes précédents les différentes formes possibles des antennes Log-périodiques. Nous allons nous intéresser dans la suite à l'antenne LPDA vu la simplicité de son design et son utilisation dans différentes applications.

En plus, dans nos travaux de recherches antérieures développés dans le cadre du Mastère, nous nous sommes intéressés à la conception des petites boucles résonnantes autour de la fréquence 433.92MHz située dans les bandes ISM allouées aux applications médicales comme c'est le cas de cette application. De ce fait, l'idée de base est d'exploiter les résultats déjà obtenus dans ces travaux mais en les alignant périodiquement les boucles pour aboutir à la bande de fréquence souhaitée dans les bandes ISM ou WMTS.

IV.1. Choix des paramètres de l'antenne

Les paramètres fondamentaux des structures LPDA sont le facteur d'échelle τ, le facteur d'espacement σ, l'ouverture de la structure α et le nombre d'éléments nécessaires pour couvrir la bande de fréquence souhaitée.

IV.1.1. Choix du nombre de dipôles

Comme nous avons vu précédemment, le nombre d'éléments dépend largement de la bande de fréquence souhaitée. Nous avons fixé au début quatre bandes de fréquence : BW1 entre 400 et 870MHz, BW2 entre 400MHz et 3 GHz, BW3 entre 400MHz et 4GHz et finalement BW4 entre 400MHz et 5GHz pour estimer le nombre de dipôles en fonction du facteur d'échelle τ. Nous avons obtenu les résultats illustrés à la figure (II.11) [32].

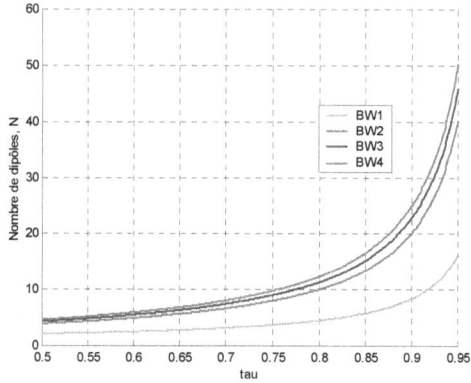

Figure II. 11- Variation du nombre de dipôles en fonction de τ

D'après cette figure, on constate que le nombre total croit avec le facteur d'échelle τ, en plus il devient très important pour les valeurs supérieures à τ = 0.85, valeur pour laquelle N varie entre 6 et 16. Nous avons choisi la bande BW2 entre 400MHz et 3GHz incluant certaines bandes ISM ; ce qui donne alors N = 13.

IV.1.2. Choix du facteur d'espacement

La deuxième étape dans notre travail c'est la fixation du facteur d'espacement σ qui est directement lié au facteur d'échelle τ et à l'angle d'ouverture α. Ce facteur fixe l'espacement minimal entre deux éléments adjacents, donc la longueur totale de l'antenne. Nous avons étudié la variation de ce paramètre pour des valeurs particulières de α et τ, nous avons obtenus les résultats de la figure (II.12) [32].

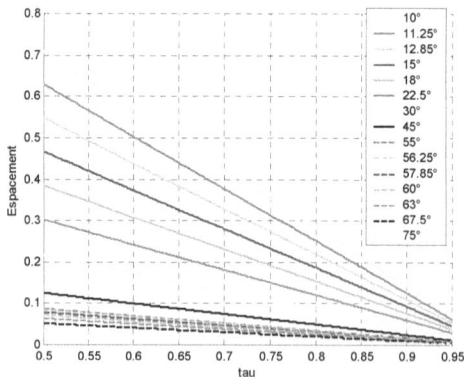

Figure II. 12- Variation de σ en fonction de α et τ

Il est à noter que lorsque α varie entre $10°$ et $75°$ pour $\tau = 0.85$, σ décroît de 0.212 à 0.01.

Comme nous avons déjà vu dans la première partie, nous devons faire très attention lors du choix de la valeur du facteur d'espacement σ puisqu'il influe directement sur les performances radioélectriques de l'antenne comme le gain et l'impédance. En plus, on préfère les petites valeurs de α pour occuper le minimum d'espace (longueur totale de l'antenne), la valeur signifiante est alors $\alpha = 18°$; ce qui donne $\sigma = 0.115$.

IV.1.3. Dimensions finales de l'antenne

Les paramètres de notre antenne sont : $\tau = 0.85$, $\sigma = 0.115$, $\alpha = 18°$ et $N = 13$ pour une bande de fréquence BW entre 400 MHz et 3 GHz. Les différentes dimensions sont regroupées dans le tableau (II.1) [32].

Tableau II. 1- Dimensions de l'antenne

№	L (cm)	d (cm)
1	18.75	8.66
2	15.94	7.36
3	13.55	6.25
4	11.51	5.32
5	9.79	4.52
6	8.32	3.84
7	7.07	3.26
8	6.01	2.77
9	5.11	2.36
10	4.34	2
11	3.69	1.7
12	3.14	1.45
13	2.67	

IV.2. Simulation et réalisation des antennes LPDA

IV.2.1. Présentation de l'outil HFSS

Nous avons simulé les antennes Log-périodiques à l'aide du logiciel Ansoft-HFSS (High Frequency Structure Simulator) [33]. Il s'agit d'un puissant logiciel de simulation qui permet de représenter la distribution des champs, la densité surfacique et volumique du courant et de calculer les paramètres S_{ij} des structures hyperfréquences.

Le code de calcul utilisé par l'outil HFSS afin de déterminer le champ électromagnétique tridimensionnel à l'intérieur d'une structure est basé sur la méthode des éléments finis (FEM) [34-35], et consiste à diviser l'espace d'étude en un grand nombre de petites régions (éventuellement des tétraèdres), puis à calculer localement le champ électromagnétique dans chaque élément en se basant sur une méthode d'interpolation combinée avec un processus itératif dans lequel un maillage est créé et automatiquement redéfini dans les régions critiques. En effet, le simulateur génère une solution basée sur le maillage initial prédéfini, puis à chaque fois il affine le maillage dans les régions où il existe une haute densité d'erreurs (suivant les conditions de convergence et le nombre d'itérations fixé d'avance), pour générer la solution la plus adéquate.

Ainsi, le calcul des paramètres S_{ij} d'une structure hyperfréquence suit les étapes suivantes :

- division de la structure en un nombre fini d'éléments ;
- excitation de chaque port de la structure avec une onde se propageant le long d'une structure guide d'onde uniforme ou d'une ligne de transmission qui possède la même section que le port ;
- calcul de la configuration totale du champ électromagnétique à l'intérieur de la structure ;
- calcul des matrices S_{ij} généralisées à partir des puissances réfléchie et transmise.

Les dimensions du port permettant de générer l'onde incidente sont prédéfinies selon le mode de propagation désiré dans le guide d'onde alimentant la structure. L'antenne simulée est placée à l'intérieur d'un domaine possédant des conditions aux limites absorbantes. Ces conditions numériques permettent d'éviter toute réflexion des ondes générées sur les bords du domaine défini comme étant du vide. Le coefficient de réflexion (paramètre S_{11}) est calculé au niveau du plan de création de l'onde incidente et donc à l'entrée du guide d'alimentation de l'antenne.

IV.2.2. Choix de l'alimentation des antennes Log-périodiques

Nous avons vu que dans une structure Log-périodique, les éléments se répètent avec différentes dimensions afin d'achever la bande de fréquence souhaitée. Cependant, d'après le tableau (II-1), nous aurions besoins de 13 dipôles élémentaires dans la structure pour couvrir la bande 400MHz à 3GHz ayant chacun une longueur $L \cong \dfrac{\lambda}{2}$, ce qui augmente encore la taille globale de la structure ; d'où la difficulté de son utilisation dans l'application envisagée.

Il est bien connu que les structures planes, plaquées sur un circuit imprimé, ont plusieurs avantages par rapport aux structures classiques généralement réalisées en trois dimensions ; ce qui nous a mené à la conception d'antennes LPDA imprimées sur le fameux substrat FR4 (Epoxy / Glass) ayant une permittivité $\varepsilon_r = 4.4$ et de hauteur h = 1.6 mm.

Les longueurs de la structure sont équivalentes à la longueur d'onde guidée qui est donnée par l'équation (II-30) [2-3].

$$\lambda_g = \frac{\lambda_0}{\sqrt{\varepsilon_{eff}}} \qquad (II-30)$$

Avec :

$$\varepsilon_{eff} \cong \frac{\varepsilon_r + 1}{2} \qquad (II-31)$$

De ce fait, les éléments constituant l'antenne sont liés par une ligne ayant une impédance fixe d'ordre 50Ω dont on peut distinguer deux structures de base comme suit :

- Structure réalisée à partir de conducteurs en cuivre (Strip line)
- Structure réalisée à partir de fentes (Slot line)

Le problème majeur de ces deux structures c'est l'alimentation et l'excitation des différents éléments dans la structure. La première configuration présente sans doute la complexité du dispositif d'alimentions où chaque élément doit disposer d'un déphasage de 180° par rapport à l'autre élément symétrique comme illustré à la figure (II.10).

Cependant, dans le cas des fentes, on doit utiliser un guide d'onde coplanaire constitué de deux fentes et un conducteur central sur la face du substrat dont les dimensions fixent l'impédance caractéristique de la ligne comme le montre la figure (II.13), ce qui facilite énormément l'excitation des différents éléments [36-37].

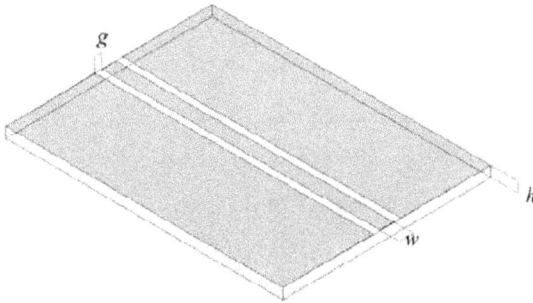

Figure II. 13- Guide d'onde coplanaire

Ces guides sont très populaires parce qu'on n'utilise pas des via (hole). Le conducteur central permet à la ligne d'être excitée de deux manières :

- Mode GOC (CPW mode) : les champs dans les ouvertures sont déphasés de 180° (figure II.14-a).

- Mode fentes (slot line mode) : ces champs sont en phases (figure II.14-b).

a) coplanar mode (CPW)   b) slot-line mode

Figure II. 14- Modes d'excitation

Dans une telle structure, le premier élément (le plus court) sera directement lié à la ligne coplanaire ayant une impédance caractéristique $Z_c = 50\Omega$.

IV.2.3. Conception et réalisation d'une structure à 4 éléments

Nous avons commencé par la simulation d'une antenne LPDA formée par quatre éléments comme illustré à la figure (II.15), et dont les dimensions sont optimisées par l'outil HFSS afin de couvrir plus de bandes de fréquences. Ces dimensions sont illustrées dans le tableau (II.2) [38].

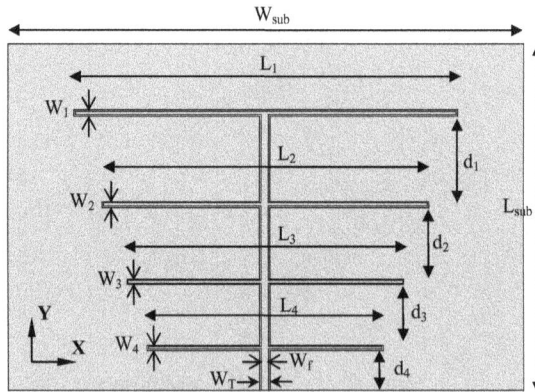

Figure II. 15- Structure de l'antenne LPDA à 4 éléments

Tableau II. 2- Paramètres de l'antenne à 4 éléments

Dimension	Valeur (mm)
W_1	2.748
W_2	2.486
W_3	2.263
W_4	2.073
L_1	148.52
L_2	126.24
L_3	107.3
L_4	91.3
d_1	31.89
d_2	26.962
d_3	22.707
d_4	15
W_f	3
W_T	4
L_{sub}	132
W_{sub}	200

Ensuite, le prototype de la structure optimisée est fabriqué en se basant sur les dimensions spécifiées dans le tableau (II-2) comme illustré à la figure (II.16) où la structure est alimentée via un connecteur SMA ayant comme impédance caractéristique $Z_c = 50\Omega$ et dont l'axe principal est soudé avec la métallisation centrale de la ligne coplanaire (ayant comme largeur le paramètre W_f) séparant les deux fentes, et son embase est soudée avec le plan de masse de la structure.

Le coefficient de réflexion de la structure a été mesuré dans la bande de fréquence 0.3- 3GHz en utilisant un analyseur vectoriel de réseau "Agilent HP 8753E" comme montré à la figure (II.17) [38].

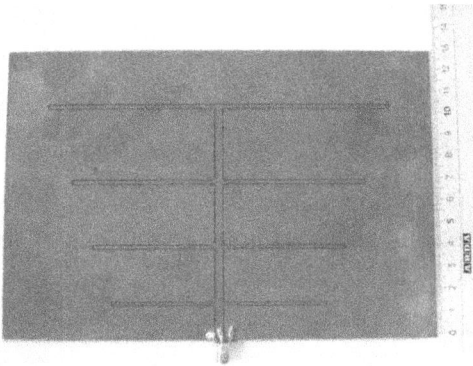

Figure II. 16- Photo de l'antenne LPDA à 4 éléments réalisée

Figure II. 17- Mesure du coefficient S₁₁ (antenne à 4 éléments)

Les résultats des simulations et des mesures du coefficient de réflexion à l'entrée de la structure sont représentés dans la figure (II.18) [38].

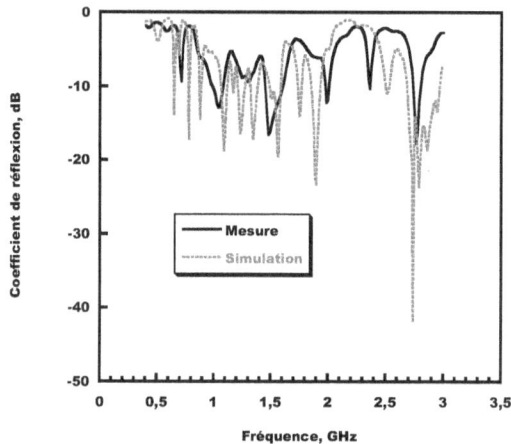

Figure II. 18- Coefficient S₁₁ (antenne à 4 éléments)

D'après la figure (II.18), il y a une certaine coïncidence entre les valeurs simulées et mesurées du coefficient de réflexion S_{11} ; cependant, le petit décalage remarqué entre les fréquences de résonnance peut être accordé aux effets du soudage (éventuellement la matière utilisée, positionnement de l'axe central du connecteur SMA, environnement de mesure) qui n'ont pas été pris en compte lors des simulations.

Les tableaux (II-3) et (II-4) regroupent respectivement les fréquences de résonnances simulées et mesurées pour un coefficient de réflexion $S_{11} \leq$ -10dB [38].

Tableau II. 3- Résultats des simulations

Fréquence de résonnante (GHz)	S_{11} (dB)
0.650	-14.02
0.78	-17.301
0.88	-14.447
1.09	-18.874
1.23	-16.32
1.34	-17.292
1.56	-19.557
2.51	-10.92
2.74	-41.950

Tableau II. 4- Résultats des mesures

Fréquence de résonnante (GHz)	S_{11} (dB)
1.037	-12.9
1.479	-16.563
1.986	-12.199
2.363	-10.313
2.766	-17.806

Cependant, après l'étude analytique et la procédure d'optimisation basée sur des méthodes itératives, la structure présente un aspect multi-bande et non pas large bande de fréquence, avec des bandes très sélectives ; ce qui limitent les performances envisageables par notre application.

Par contre, la figure (II.19), donnant la répartition des densités de courant surfaciques J_s aux fréquences de résonnances f = 650MHz et 1.75GHz (pour la même puissance incidente et à la même phase) montre que tous les éléments contribuent au rayonnement de la structure pour ces deux fréquences de résonances. Mais la densité de courant J_s est plus importante à la fréquence f = 650MHz surtout aux bords de chaque fente.

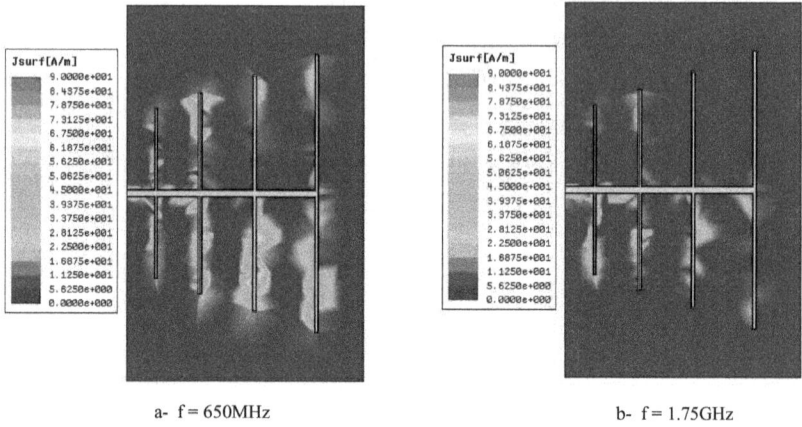

a- f = 650MHz   b- f = 1.75GHz

Figure II. 19- Répartition de la densité de courant surfacique à la surface de l'antenne LPDA

En inspectant les diagrammes de rayonnement relevés pour les fréquences de résonnances 650MHz et 1.75GHz dans les deux plans (X-Z) et (Y-Z) représentés respectivement par les figures (II.20) et (II.21) et en trois dimensions par les figures (II.22) et (II.23), on constate que cette structure présente un diagramme de rayonnement presque omnidirectionnel et qui est quasi-similaire à celui d'un monopole ordinaire mais avec des faibles valeurs de gains.

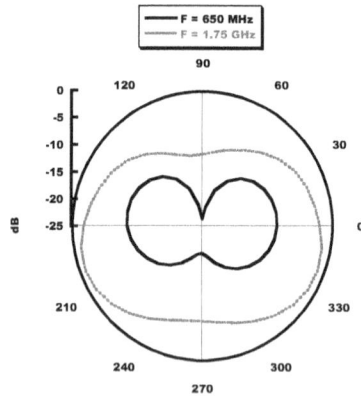

Figure II. 20- Diagramme de rayonnement relevé dans le plan (X-Z)

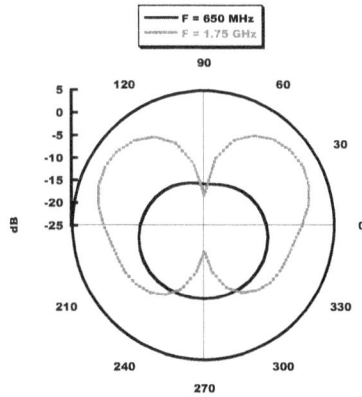

Figure II. 21Diagramme de rayonnement relevé dans le plan (Y-Z)

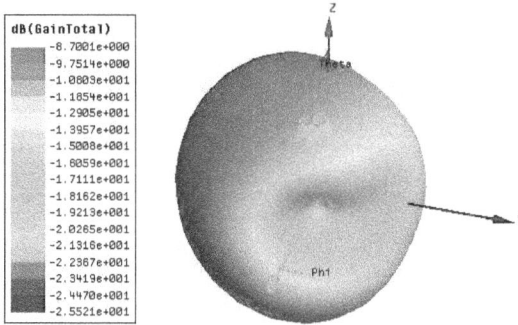

Figure II. 22- Diagramme de rayonnement en 3D pour f = 650MHz

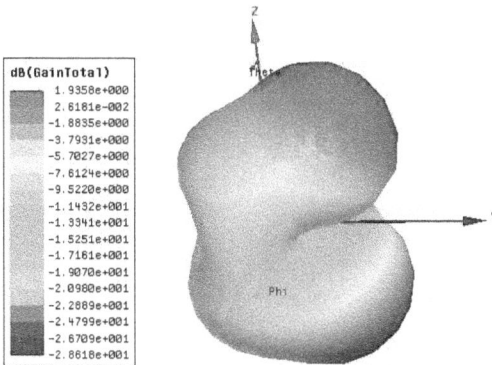

Figure II. 23- Diagramme de rayonnement en 3D pour f = 1.75GHz

IV.2.4. Conception et réalisation d'une structure à 5 éléments

Afin d'étudier la possibilité d'élargir la bande passante de la structure précédente, nous avons simulé une antenne LPDA formée par cinq éléments comme c'est illustré par la figure (II-24), et dont les dimensions sont optimisées par l'outil HFSS afin de couvrir plus de bandes de fréquences. Ces dimensions sont résumées dans le tableau (II.5) [38].

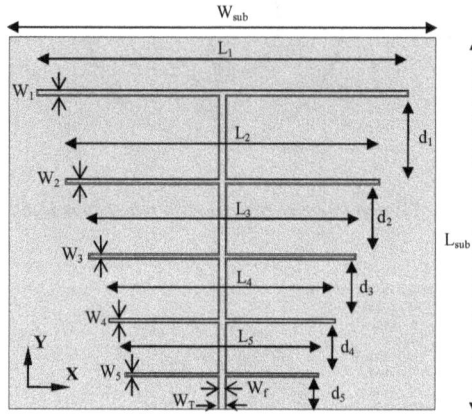

Figure II. 24- Structure de l'antenne LPDA à 5 éléments

Tableau II. 5- Paramètres de l'antenne à 4 éléments

Dimension	Valeur (mm)
W_1	2.748
W_2	2.486
W_3	2.263
W_4	2.073
W_5	1.913
L_1	174.73
L_2	148.52
L_3	126.24
L_4	107.3
L_5	91.3
d_1	37.703
d_2	31.89
d_4	26.962
d_5	15
W_f	3
W_T	4
L_{sub}	171
W_{sub}	191

Ensuite, le prototype de la structure optimisée est fabriqué en se basant sur les dimensions spécifiées dans le tableau (II.5) comme illustré à la figure (II.25). Le coefficient de réflexion de la structure a été mesuré dans la bande de fréquence 0.3-3GHz en utilisant un analyseur vectoriel de réseau "Agilent HP 8753E" [38].

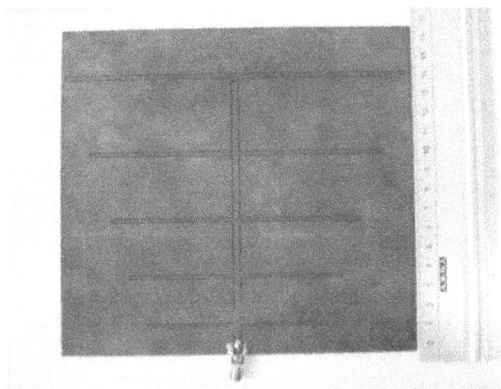

Figure II. 25- Photo de l'antenne LPDA à 5 éléments réalisée

Les résultats des simulations et des mesures du coefficient de réflexion à l'entrée de la structure sont représentés dans la figure (II.26).

On remarque qu'ils y a une certaine coïncidence entre les valeurs simulées et mesurées du coefficient de réflexion S_{11} ; cependant, le petit décalage remarqué entre les fréquences de résonnance peut être justifié par la négligence de certains paramètres au cours des simulations.

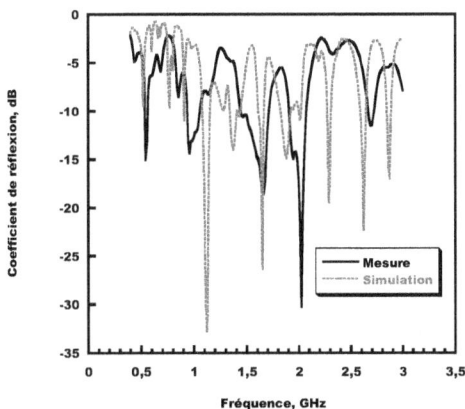

Figure II. 26- Coefficient S_{11} (antenne à 5 éléments)

Les tableaux (II.6) et (II.7) regroupent respectivement les fréquences de résonnances simulées et mesurées pour un coefficient de réflexion $S_{11} \leq$ -10dB.

Tableau II. 6- Résultats des simulations

Fréquence de résonnante (GHz)	S_{11} (dB)
0.91	-11.061
1.12	-32.806
1.37	-13.979
1.65	-26.305
1.88	-14.903
2.29	-19.429
2.62	-22.28
2.87	-17

Tableau II. 7- Résultats des mesures

Fréquence de résonnante (GHz)	S_{11} (dB)
0.543	-15.01
0.959	-14.365
1.466	-10.657
1.661	-18.644
2.025	-30.254
2.68	-11.552

De la même manière, la structure garde son aspect multi-bande malgré l'étude analytique et la procédure d'optimisation menée.

Par contre, la figure (II.27), donnant la répartition des densités de courant surfaciques J_s aux fréquences de résonnances f = 910MHz et 2.29GHz (pour la même puissance incidente et à la même phase) montre une certaine dissymétrie dans la répartition de la densité J_s autour de la fréquence f = 910 MHz, alors que pour la deuxième fréquence, c'est uniquement les trois premiers éléments qui contribuent au rayonnement avec une répartition symétrique, ce qui confirme le principe de base de ces structures.

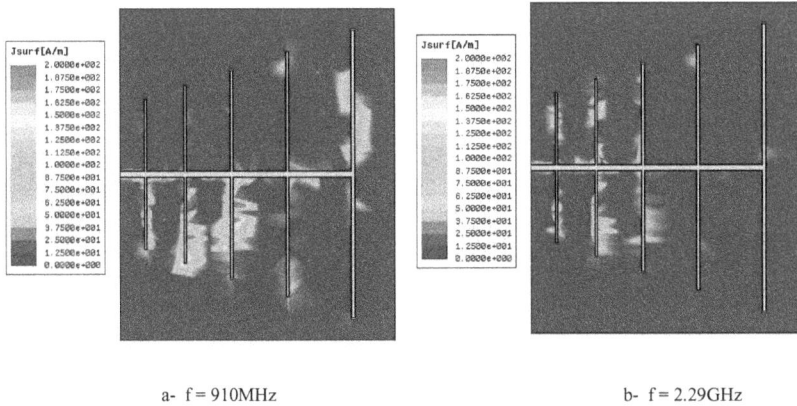

a- f = 910MHz   b- f = 2.29GHz

Figure II. 27- Répartition de la densité de courant surfacique à la surface de l'antenne LPDA

En inspectant les diagrammes de rayonnement relevés pour les mêmes fréquences de résonnances dans les deux plans (X-Z) et (Y-Z) représentés respectivement par les figures (II.28) et (II.29) et en trois dimensions par les figures (II.30) et (II.31), on constate que cette structure présente un diagramme de rayonnement similaire à celui de la structure à quatre éléments. Ce digramme est quasi-similaire à celui d'un monopole ordinaire mais avec de faibles valeurs de gains.

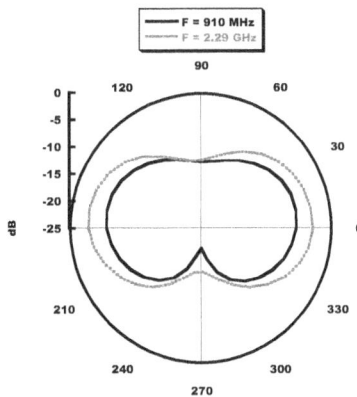

Figure II. 28- Diagramme de rayonnement relevé dans le plan (X-Z)

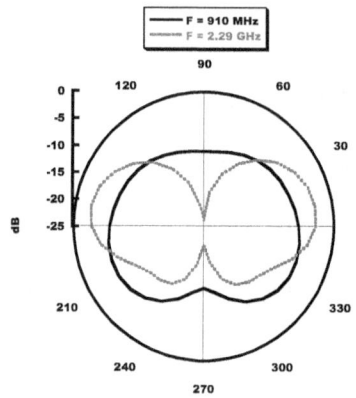

Figure II. 29- Diagramme de rayonnement relevé dans le plan (Y-Z)

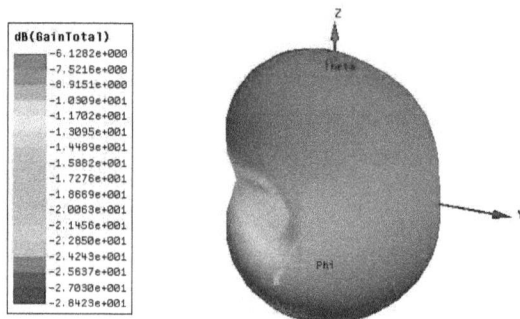

Figure II. 30- Diagramme de rayonnement en 3D pour f = 910MHz

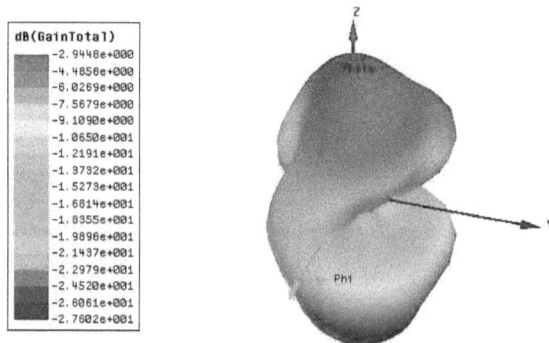

Figure II. 31- Diagramme de rayonnement en 3D pour f = 2.29GHz

V. Conclusion

Dans ce chapitre, nous nous sommes intéressés à l'étude et la réalisation des antennes indépendantes de la fréquence, particulièrement les antennes à période logarithmique (LPDA). Ces structures seront employées en réception dans les différents points d'accès du système de bio-télémétrie que nous souhaitons réaliser.

En effet, l'étude analytique menée par l'outil HFSS, nous a amenée à la réalisation de deux structures à quatre et cinq éléments respectivement, sur le fameux substrat FR4. Ces antennes ont été optimisés afin d'inclure la majorité des bandes ISM, alloués à ces fins.

Cependant, les résultats obtenus ne sont pas satisfaisant ; ils montrent que chaque structure présente un comportement multi-bande avec une taille globale énorme. En plus, d'autres anomalies ont été observées, elles sont liées essentiellement à la dissymétrie de l'excitation des différents éléments pour chaque fréquence de résonance.

Dans la suite, nous allons opter à d'autres structures planes ayant à priori le même comportement que les monopoles mais avec des tailles relativement réduites et de très larges bandes de fréquences afin de couvrir la majorité des bandes ISM et WMTS.

Pour se faire, nous essayerons d'exploiter, dans le chapitre suivant, les propriétés de base des antennes Patch ordinaires, d'étudier la possibilité d'agir sur leurs performances radioélectriques et d'optimiser la taille et la forme de l'élément rayonnant.

Bibliographie du Chapitre II

[1] V. H. Rumsey, "Frequency Independent Antennas", *IRE National Convention Record*, Vol. 5, Part. I, pp. 114-118, March 1957.

[2] R. Johnson, "*Antenna Engeneering Handbook*", $3^{\text{ième}}$ Edition, New York: McGraw-Hill, Inc., R.R. Donnelly & sons company, 1993.

[3] C. A. Balanis, "*Antenna Theory: Analysis and Design*", 2nd Edition, New York: John Wiley & Sons, Inc., 1997.

[4] J. D. Dyson, "The Equiangular Spiral Antenna", *IRE Transactions on Antennas and Propagation*, pp. 181–187, Vol. 7, No. 2, April 1959.

[5] J. D. Dyson, "The Unidirectional Equiangular Spiral Antenna", *IRE Transactions on Antennas and Propagation*, Vol. 7, No. 4, pp. 329–334, October 1959.

[6] R. H. DuHamel, D. E. IsBell, "Broadband Logarithmically Periodic Antenna Structures", *IRE National Convention Record*, Vol. 5, Part I, pp. 119-128, March 1957.

[7] D. E. IsBell, "Log Periodic Dipole Arrays", *IRE Transaction on Antennas and Propagation*, Vol. AP-8, No. 3, pp. 260-267, May 1960.

[8] J. Thaysen, K. B. Jakobsen, "A logarithmic spiral antenna for 0.4 to 3.8 GHz", Applied Microwave and Wireless, Vol. 13, No. 2, pp 32-45, February 2001.

[9] J. Thaysen, K. B. Jakobsen, J. Appel-Hansen, "Characterisation and optimisation of a coplanar waveguide fed logarithmic spiral antenna", *IEEE-APS Conference on Antennas and Propagation for Wireless Communication* , pp 25-28, November 2000.

[10]   A. Alù, L. Vegni, F. Bilotti, "Current density dominant mode on spiral patch antennas", 17th International Conference on Applied Electromagnetics and Communications, pp. 175 - 178, October 2003.

[11]   Y. Zhang, A. K. Brown, "Archimedean and equiangular slot spiral antennas for UWB communications", European Microwave conference, pp. 1578-1581, September 2006.

[12]   J. D. Dyson, "The characteristics and design of the conical log-spiral antenna", IEEE Transactions on Antennas and Propagation, Vol. 13, No. 4, pp. 488-499, July 1965.

[13]   T. W. Hertel, G. S. Smith, "On the dispersive properties of the conical spiral antenna and its use of pulsed radiation", IEEE Transactions on Antennas and Propagation, Vol. 51, No. 7, pp. 1426-1432, July 2003.

[14]   J. A. Kaiser, "The Archimedean two-wire spiral antenna", IEEE Transactions on Antennas and Propagation, Vol. 8, No. 3, pp. 312-323, May 1960.

[15]   T. A. Milligan, "Modern Antenna Design", 2ième Edition, John Wiley & Sons, Inc., Hoboken, New Jersey, 2005.

[16]   G. A. Deschamps, "Impedance properties of Complementary Multiterminal Planar Structures", IRE Transactions on Antennas and Propagation, Vol. 7, No.5, pp. 371–378, December 1959.

[17]   Y. Mushiake, "A report on Japanese development of antennas: from the Yagi Uda antenna to self complementary antennas", IEEE Antennas and Propagation Magazine, Vol. 46, No. 4, pp.47-60 , August 2004.

[18]   R. L. Carrel, "The design of log-periodic dipole antennas", IRE National Convention Record, Vol. 9, Part. 1, pp. 61–75, March 1961.

[19]   C. R. Oakes, K. G Balmain, "Optimization of the loop coupled log periodic antenna", IEEE Transaction on Antennas and Propagation, Vol. AP-21, No. 2, pp. 148-153, March 1973.

[20]   D. Delrio, "Characterization of Log Periodic Folded Slot Antenna Array", Master of science, University of Puerto Rico, Mayagüez Campus, 2005

[21] C. Ulysse, A. Meraj, A. Gauche, C. Letrou, A. Kreisler, "Antenne planaire log-périodique très large bande (4 – 160 GHz)", *Actes du 16ème Colloque International "Optique Hertzienne et Diélectriques"*, Le Mans, Septembre 2001.

[22] O. Klemp, M. Schultz, H. Eul, "Novel logarithmically periodic planar antennas for broadband polarization diversity reception", *International Journal of Electronics and Communications*, pp. 268-277, April 2005.

[23] K. M. P. Aghdam, R. Faraji-Dana, J. Rashed-Mohassel, "Compact dual-polarisation planar log-periodic antennas with integrated feed circuit", *IEE proceeding on Microwave and Antenna*, Vol. 152, No. 5, pp 359-366, October 2005.

[24] S. H. Lee, K. K. Mei, "Analysis of Zigzag Antennas", *IEEE Transactions on Antennas and Propagation*, Vol. AP-18, No. 6, pp. 760-764, November 1970.

[25] A. U. Bhode, C. L. Holloway, M. PICKET-MAY, R. Hall, "Wide-band slot antennas with CPW feed lines: hybrid and log periodic designs", IEEE Transactions on Antennas and Propagation, Vol. 52, No. 10, pp. 2545 -2554, October 2004.

[26] R. H. DuHamel and D. G. Berry, "Logarithmically periodic antenna arrays", *IRE National Conference Record*, Vol. 2, Part. 1, pp. 161–174, August 1958.

[27] P. G. Ingerson, P. Mayes, "Log Periodic Antennas with Modulated Impedance Feeders", *IEEE Transactions on Antennas and Propagation*, Vol. 16, No. 6, pp. 633-642, November 1968.

[28] K. G. Balmain, J. N. Nkeng, "Asymmetry phenomenon of log-periodic dipole antennas", *IEEE Transactions on Antennas and Propagation*, Vol. AP-24, No. 4, pp. 402–410, July 1976.

[29] R. H. DuHamel, M.E Armstrong, "Log-Periodic Transmission Line Circuits- Part I: One Port Circuits", *IEEE Transactions on Microwave Theory and Techniques*, Vol. 14, No. 6, pp. 264-274, June 1966.

[30] K. G. Balmain, C. Bantin, C. Oakes, L. David, "Optimization of Log-Periodic Dipole Antennas", *IEEE Transactions on Antennas and Propagation*, Vo. 19, No. 2, pp. 286-288, March 1971.

[31]   G. De-Vito, G. Stracca, "Comments on the Design of Log-Periodic Dipole Antennas", *IEEE Transactions on Antennas and Propagation*, Vol. 21, No. 3, pp. 303-308, May 1973.

[32]   M. S. Karoui, M.A. Skima, H. Ghariani, M. Samet, "Study of a Log-periodic Antenna with Printed Dipoles", *Conférence Internationale SSD 07*, Tunisia, Mars 2007.

[33]   "Manuel d'utilisation de HFSS", version 8.5, Mars 2002. Ansoft Corporation, Four Station Square, Pittsbourg, PA 15219, USA.

[34]   J. S. Wang,   R. Mittra, "Finite element analysis of MMIC structures using absorbing boundary conditions", *IEEE MTT-S International Microwave Symposium Digest*, Vol. 2, pp. 745-748, June 1993.

[35]   F. T. Belkacem, M. Bensetti, M. Djennah, D. Moussaoui, B. Mazari, "Etude des perturbations rayonnées dans un circuit électronique", *1ère Conférence Nationale sur la Compatibilité électromagnétique CNCEM'09*, Tiaret, Novembre 2009.

[36]   T. Weller, P. B. Katehi, G. M. Rebeiz "Single and Double Folded-Slot Antennas on Semi-Infinite Substrates", *IEEE Transactions on Antennas and Propagation*, Vol. 43, No. 12, pp. 1423 – 1428, December 1995.

[37]   F. W. Yao, S. S. Zhong, "Broadband CPW-fed slot Log-periodic antenna", *IEEE International Symposium   On Microwave Antenna Propagation and EMC Technologies for Wireless Communications Proceedings*, Vol. 1, pp.116-118, August 2005.

[38]   M. S. Karoui, H. Ghariani, M. Samet, M. Ramdani, R. Perdriau, "Four- / Five-element Planar Log-periodic Dipole antennas for Medical Telemetry Applications", *International Review on Modelling and Simulations (I.RE.MO.S.)*, Vol. 2, No. 4, pp. 414-418 , August 2009.

Chapitre *III*

Conception et réalisation des antennes plaquées à larges bandes de fréquences

I. Introduction

Les antennes patchs micro-rubans plaquées ("microstrip") sont largement utilisées et très répandue dans diverses applications civiles, militaires et médicales. Ces structures apparues dans les années cinquante ont surtout été développées au cours des années soixante. L'invention du concept de « structure rayonnante imprimée » a été attribuée à plusieurs auteurs dans les années 60 avec les premiers travaux publiés par Deschamps [1-2], Greig et Engleman [3], et Lewin [4], parmi d'autres. Il faut attendre 1970 pour voir les premières réalisations avec Howell [5] et Munson [6].

Ces antennes rapprochent à la fois la petite taille, la faible épaisseur, l'encombrement réduit, la simplicité, la facilité de fabrication et de mise en œuvre avec la possibilité de réalisation en grande série avec des faibles coûts et dont la technologie de leur réalisation est compatible avec les technologies classiques de réalisation des circuits imprimés. En outre, ces structures discrètes s'adaptent facilement aux surfaces planes et non planes tels que les ailes et les carlingues d'avion, missiles, etc…

Toutefois, ces antennes présentent également des inconvénients majeurs, indissociables à leurs fonctionnement propre et qui résident essentiellement dans :

- Leur faible bande passante normalisée (typiquement de l'ordre de quelques pourcents $\approx$ 2-5%),
- Leur faible puissance excusable,
- La forte influence de la qualité du substrat diélectrique sur les performances radioélectriques,
- Un faible rendement résultant des effets des ondes de surfaces et des dispositifs d'alimentation créant des rayonnements parasites [7-8].
- Leur impédance d'entrée qui nécessite une étude particulière et spécifique.

Différentes techniques ont été développées afin d'améliorer les performances indispensables de ces éléments, particulièrement le gain, la directivité l'adaptation et la bande passante, en intégrant plusieurs patchs résonateurs sur un même substrat pour former une antenne réseau [9]. Nous présentons dans la première partie de ce chapitre, la géométrie de base des antennes plaquées, le dispositif d'alimentation et une analyse théorique basée sur le modèle de la ligne de transmission qui permet un pré-dimensionnement des antennes. Dans la deuxième partie, nous présentons la modélisation et la réalisation des antennes patch plaquées à larges bandes de fréquences, incluant la majorité des bandes ISM et WMTS et qui seront employées en réception dans les différents points d'accès du système de bio-télémétrie que nous souhaitons réaliser.

II. Antennes plaquées en circuit imprimé

II.1. Description générale

Une antenne plaquée à éléments rayonnants imprimés, communément appelée antenne patch, est constituée d'un plan de masse et d'un substrat diélectrique, dont la surface porte un ou plusieurs éléments métallisés, comme illustré à la figure (III.1). Ces patchs rayonnants présentent différentes formes : carrée, rectangulaire, triangulaire, circulaire, elliptique ou autres formes plus complexes et peuvent être alimentés par divers procédés permettant d'obtenir un diagramme de rayonnement en polarisation linéaire ou circulaire [8].

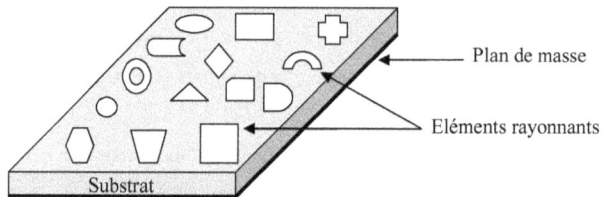

Figure III. 1- Schéma de principe d'une antenne plaquée

Le substrat diélectrique doit être de permittivité faible afin de faciliter le rayonnement de l'énergie électromagnétique stockée dans la cavité comprise entre le patch et le plan de masse. Les substrats les plus utilisés sont des composites à base de téflon ($2 \leq \varepsilon_r \leq 3$ et $tg\delta = 10^{-3}$), de polypropylène ($\varepsilon_r = 2,18$ et $tg\delta = 3.10^{-4}$) et de mousses synthétiques contenant beaucoup de minuscules poches d'air ($\varepsilon_r = 1,03$ et $tg\delta = 10^{-3}$). Des substrats céramiques (alumine ou LTCC (low temperature co-fired ceramic) sont aussi utilisés. Les métallisations sont réalisées souvent avec de très bon conducteurs : le cuivre ($\sigma = 5,7 \ 10^7$ S/m), l'argent ($\sigma = 6,2 \ 10^7$ S/m) et l'or ($\sigma = 4,1 \ 10^7$ S/m) [8].

II.2. Méthodes d'alimentation

Les différentes méthodes d'alimentation des antennes micro-ruban « Patch » peuvent être regroupées en deux grandes catégories [7-8] :

- Alimentation par contact (par sonde ou ligne micro-ruban)
- Alimentation sans contact (couplage électromagnétique par ligne ou fente)

II.2.1. Alimentation par contact

a. *Alimentation par une ligne micro-ruban*

Dans cette configuration, l'élément rayonnant est excité ; par une ligne micro-ruban (ou coplanaire CPW) ayant une impédance caractéristique égale à 50Ω et connectée directement à l'un des côtes du patch. Le point de jonction est situé au niveau de l'axe de symétrie du patch ou décalé par rapport à celui-ci pour une meilleure adaptation d'impédance comme le montre la figure (III.2). L'adaptation peut aussi être réalisée par une alimentation axiale avec encoche permettant ainsi une meilleure adaptation d'impédance comme illustré à la figure (III.3).

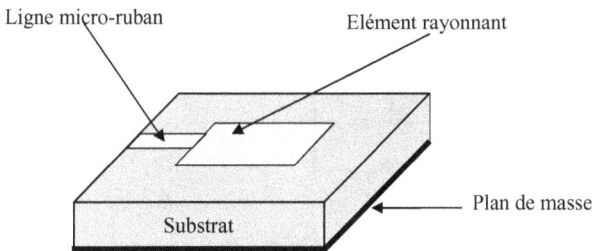

Figure III. 2- Alimentation par une ligne micro-ruban

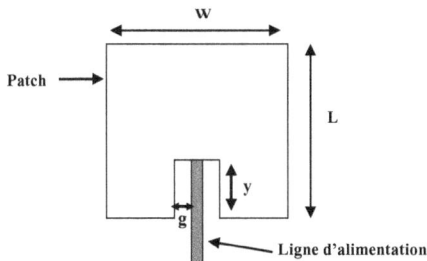

Figure III. 3- Antenne alimentée par une ligne micro-ruban à encoche

En effet, la ligne d'alimentation à encoche est insérée dans le patch à une distance ″y″ comme montré à la figure (III.3). Plus la ligne d'alimentation s'approche du milieu du patch, plus l'impédance est petite (au centre elle sera nulle). L'impédance de sortie est affectée par la valeur de ″y″ et de la distance ″g″ qui sépare la ligne d'alimentation du patch.

La valeur de ″y″ est calculée à partir de l'expression donnée par l'équation (III-1) [7].

$$y = \frac{L}{\pi} \arccos\left(\frac{R_{in}}{R_{ino}}\right)^{1/2} \tag{III-1}$$

Avec R_{ino} est la résistance d'entrée de l'antenne avant d'appliquer la ligne d'alimentation dans le patch et R_{in} est la résistance d'entrée de l'antenne (d'ordre 50Ω).

b. Alimentation par une sonde coaxiale

L'alimentation peut être effectuée aussi par connexion directe à une sonde coaxiale comme illustré à la figure (III.4). Le conducteur central du coaxial est alors connecté en un point situé sur l'axe de symétrie de l'élément rayonnant, plus ou moins près du bord, afin d'adapter l'impédance, alors que le conducteur extérieur est relié au plan de masse.

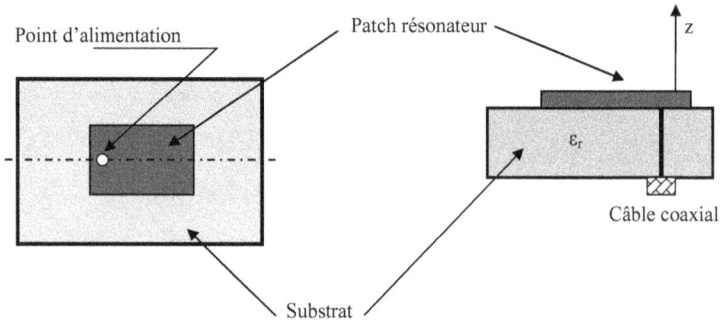

Figure III. 4- Alimentation par câble coaxiale

c. Alimentation par une ligne micro-ruban à travers un perçage (via-hole)

L'alimentation via-hole est une alimentation mixte par ligne micro-ruban et coaxiale. Elle a été développée pour une structure bicouche comme le montre la figure (III.5) et souvent multicouche. Le résonateur est réalisé sur un substrat de faible permittivité ($\varepsilon_r < 4$) pour obtenir un bon rayonnement, et de grande épaisseur pour augmenter la bande passante de l'antenne [10-12]. La ligne micro-ruban d'alimentation est imprimée sur un substrat de faible épaisseur et de forte permittivité ($\varepsilon_r > 10$) afin de minimiser les pertes par rayonnement.

Le circuit d'alimentation et le patch rayonnant sont situés de part et d'autre d'un plan de masse commun pour éviter tout couplage parasite entre eux. Une tige métallique (court-circuit) reliant le patch et le micro-ruban assure le transfert de l'énergie électromagnétique et l'excitation de la structure.

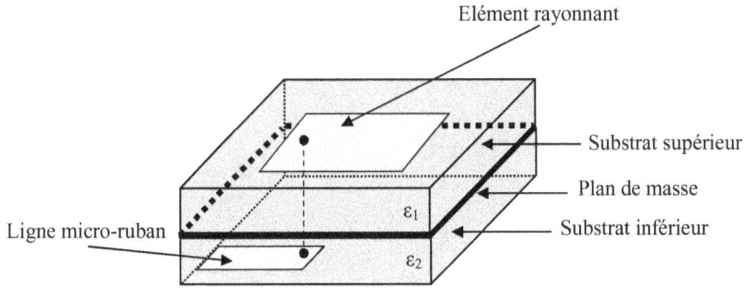

Figure III. 5- Alimentation via-hole

II.2.2. Alimentation sans contact

a. Alimentation par une ligne micro-ruban en circuit ouvert

Dans cette configuration, l'élément rayonnant et la ligne d'excitation sont localisés sur la face supérieure du substrat, alors que le plan de masse se trouve sur l'autre face comme illustré à la figure (III.6). L'alimentation se fait par couplage électromagnétique entre la ligne en circuit ouvert et le Patch, cependant un paramétrage du positionnement relatif à la ligne est indispensable pour l'adapter avec l'antenne.

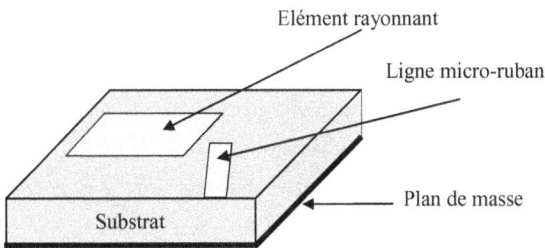

Figure III. 6- Alimentation par une ligne micro-ruban en circuit ouvert

b. Alimentation par une ligne micro-ruban en sandwich

Dans ce cas, le résonateur et la ligne d'alimentation sont situés chacun sur des substrats différents mais du même côté du plan de masse comme le montre la figure (III.7). L'antenne est formée de deux substrats, avec une ligne micro-ruban sur le substrat inférieur qui se termine en circuit ouvert sous le patch imprimé sur le substrat supérieur [13].

Le couplage électromagnétique a l'avantage de permettre la réalisation du patch rayonnant sur un substrat relativement épais, afin d'améliorer la bande passante, pendant que la ligne d'alimentation est imprimée sur un substrat plus mince, afin de réduire les rayonnements et les couplages parasites.

Par ailleurs, la fabrication de l'antenne nécessite un bon alignement entre les substrats, mais les soudures sont éliminées.

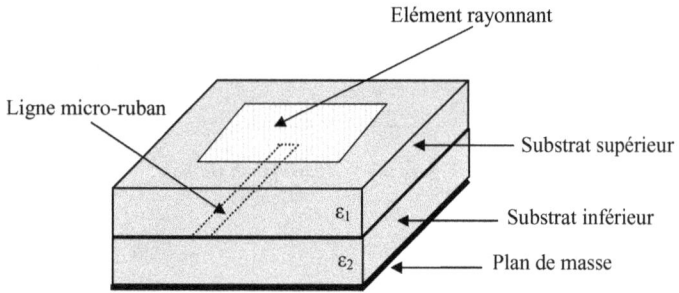

Figure III. 7- Alimentation par une ligne micro-ruban en sandwich

c. Alimentation à couplage par fente

Dans ce type d'alimentation, le patch rayonnant et la ligne micro ruban d'alimentation sont séparés par le plan de masse. Le couplage entre le patch et la ligne d'alimentation est assuré par une fente ou une ouverture dans le plan de masse comme le montre la figure (III.8) [7].

Dans cette configuration le substrat inférieur, qui sert à l'alimentation de la structure, est mince et de forte permittivité diélectrique alors que le substrat supérieur, qui porte l'élément rayonnant, est épais et de faible permittivité diélectrique. Le plan de masse sert à améliorer la pureté de la polarisation en éliminant les rayonnements parasites de l'alimentation interférant avec le rayonnement de l'antenne. Une telle alimentation est particulièrement appropriée aux dispositifs intégrant une antenne réseau, située à la partie supérieure et les circuits passifs (déphaseurs) et actifs (amplificateurs), situés à la partie inférieure.

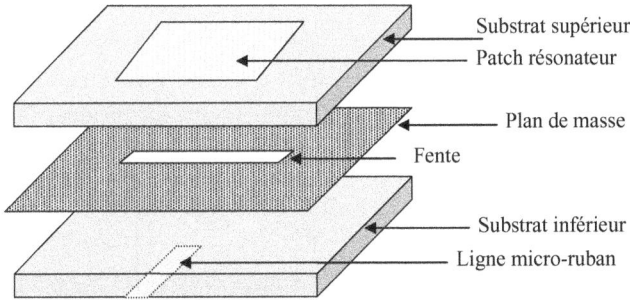

Figure III. 8- Alimentation à couplage par fente

II.3. Caractéristiques de base

II.3.1. Approche théorique de la ligne micro-ruban

De manière quasi-universelle, le type de ligne de transmission utilisé pour la réalisation des circuits micro-onde est la ligne micro ruban ou microstrip. En effet, c'est une structure comportant une ligne métallique imprimée par sérigraphie sur une face du substrat, l'autre face étant totalement recouverte d'un métal servant de plan de masse comme il est montré dans la figure (III.9) [14].

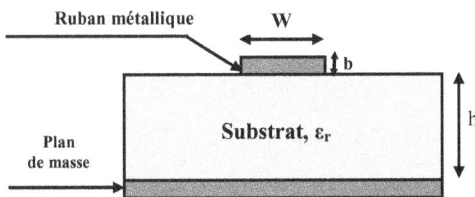

Figure III. 9- Paramètres caractéristiques de la ligne micro-ruban

Avec :

ε_r : permittivité relative du substrat

h : épaisseur du substrat

w : largeur de la ligne qui permet de contrôler son impédance caractéristique

b : épaisseur de la ligne qui n'intervient qu'au second ordre pour les fréquences élevées.

De nombreuses études ont montré qu'une ligne micro ruban est le siège d'une onde se propageant en mode quasi-TEM (Transverse Électromagnétique), c'est à dire que les champs magnétique et électrique sont perpendiculaires à l'axe de la ligne transmettant le signal, comme le montre la figure (III.10) [7-8].

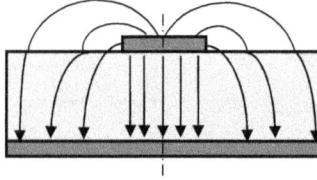

Figure III. 10- Lignes du champ électrique dans une ligne micro-ruban

La propagation dans ces structures est caractérisée par une permittivité effective ε_e et une impédance caractéristique Z_c. Les formules de Schneider [15] et de Hammerstad [16] donnent des expressions approchées de ε_e et Z_c avec une précision de l'ordre de 1% (équations (III-2) et (III-3), où $Z_0 = 120\pi\ \Omega$ est l'impédance de l'air):

$$\text{Pour } \frac{w}{h} \leq 1: \begin{cases} \varepsilon_e = \dfrac{\varepsilon_r+1}{2} + \dfrac{\varepsilon_r-1}{2}\left(\dfrac{1}{\sqrt{1+12\dfrac{h}{w}}} + 0.04\left(1-\dfrac{w}{h}\right)^2\right) \\[4mm] Z_c \cong \dfrac{Z_0}{2\pi\sqrt{\varepsilon_e}}\ln\left(\dfrac{8h}{w}+\dfrac{w}{4h}\right) \end{cases} \qquad \text{(III-2)}$$

$$\text{Pour } \frac{w}{h} \geq 1: \begin{cases} \varepsilon_e = \dfrac{\varepsilon_r+1}{2} + \dfrac{\varepsilon_r-1}{2}.\left(1+12\dfrac{h}{w}\right)^{-\frac{1}{2}} \\[4mm] Z_c \cong \dfrac{Z_0}{\sqrt{\varepsilon_e}}\left(\dfrac{w}{h}+1.393+0.667\ln\left(\dfrac{w}{h}+1.444\right)\right)^{-1} \end{cases} \qquad \text{(III-3)}$$

D'autre part, l'épaisseur ″b″ de la bande conductrice modifie légèrement la répartition des champs et les caractéristiques ε_e et Z_c de la ligne micro-ruban. Pour tenir compte de cet effet, on introduit dans les relations de Schneider une largeur équivalente du ruban w_e, qui est légèrement plus grande que sa largeur réelle w et calculée à partir des expressions données par les équations (III-4) et (III-5) [8].

$$\text{Pour } w \geq \frac{h}{2\pi}: w_e = w + \frac{b}{\pi}\left(1+\ln\left(\frac{2h}{b}\right)\right) \qquad \text{(III-4)}$$

$$\text{Pour } 2b \prec w \leq \frac{h}{2\pi} : w_e = w + \frac{b}{\pi}\left(1 + \ln\left(\frac{2\pi w}{b}\right)\right) \tag{III-5}$$

II.3.2. Modèles analytiques des antennes micro-ruban

Plusieurs modèles théoriques ont été développés afin d'analyser les antennes micro-ruban , les plus connus sont le modèle de la ligne de transmission, de la cavité et de l'équation intégrale. Ces trois modèles sont basés sur des approches différentes mais qui aboutissent à des résultats similaires avec certaine précision. Nous allons nous limiter dans ce paragraphe à la représentation du modèle de la ligne de transmission qui est le plus simple et le moins compliqué. Nous avons déjà exposé dans les paragraphes précédents les différentes formes des éléments rayonnants, mais l'antenne patch de forme rectangulaire reste sans doute la configuration la plus populaire et la plus utilisée vu sa simplicité d'analyse.

Une antenne patch rectangulaire est caractérisée par sa longueur L et sa largeur W. Ces dimensions sont choisies en fonction de la fréquence de travail et du substrat utilisé.

Dans le modèle de la ligne de transmission donné par la figure (III.11), une antenne patch rectangulaire peut être modélisée par deux fentes rayonnantes de longueur L et de largeur h (l'épaisseur du substrat) [7].

- La ligne d'alimentation est représentée par une ligne de transmission d'admittance Y_e.
- L'antenne patch est modélisée par une ligne de transmission d'admittance caractéristique Y_c et de longueur $L = \lambda/2$.
- Les deux fentes parallèles (de longueur W et de largeur h) sont représentées par les admittances $Y_1 = G_1 + jB_1$ et $Y_2 = G_2 + jB_2$.

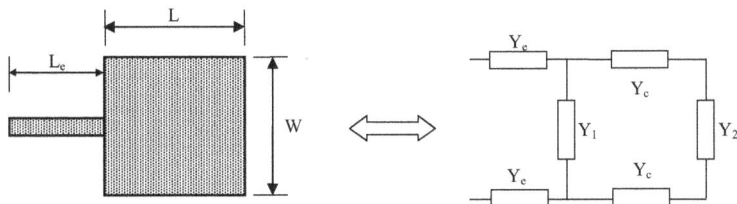

Figure III. 11- Circuit électrique équivalent

La conductance G ($G_1 = G_2$) et la susceptance B ($B_1 = B_2$) sont obtenues à partir des expressions données par les équations (III-6) et (III-7) [7].

$$G = \frac{W}{120\lambda_o}\left[1 - \frac{1}{24}(k_o h)^2\right] \tag{III-6}$$

$$B = \frac{W}{120\lambda_o}\left[1 - 0.636\ln(k_o h)\right] \tag{III-7}$$

Où λ_0 est la longueur d'onde dans le vide.

$$k_0 = \frac{2\pi}{\lambda_0} \quad \text{et} \quad \frac{h}{\lambda_o} \prec \frac{1}{10} \tag{III-8}$$

En réalité pour une antenne patch, on doit tenir compte des fentes de rayonnement (effet de bords) aux extrémités du patch, et dans ce cas on parle de longueur équivalente Le de l'antenne comme il est exposé sur la figure (III.12) [17].

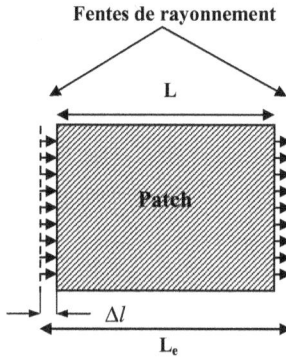

Figure III. 12- Patch rectangulaire avec fentes de rayonnement

La longueur équivalente du patch est alors donnée par les équations (III-9) et (III-10).

$$L_e = L + 2\,\Delta L = \frac{c}{2f_r\sqrt{\varepsilon_r}} \tag{III-9}$$

$$\Delta L = 0.412\,h\left[\frac{(\varepsilon_e + 0.3)\left(\dfrac{W}{h} + 0.246\right)}{(\varepsilon_e - 0.258)\left(\dfrac{W}{h} + 0.8\right)}\right] \tag{III-10}$$

Avec : f_r : fréquence de travail et c : célérité de la lumière.

Ainsi, la longueur L, la largeur W et la résistance d'entrée à la résonance du patch sont calculées à partir des expressions données respectivement par les équations (III-11), (III-12) et (III-13) [17].

$$L = \frac{c}{2f_r\sqrt{\varepsilon_r}} - 2\,\Delta L \qquad\qquad (\text{III-11})$$

$$W = \frac{c}{2f_r\sqrt{\varepsilon_e}} \qquad\qquad (\text{III-12})$$

$$R_{in_0} = 90\frac{\varepsilon_r^2}{\varepsilon_r - 1}\left(\frac{L}{W}\right)^2 \qquad\qquad (\text{III-13})$$

II.3.3. Réseau d'antennes

Les performances des antennes plaquées, notamment le gain et la directivité, peuvent être améliorées en intégrant plusieurs patchs résonateurs sur un même substrat pour former une antenne réseau. Le regroupement en réseau le plus simple est obtenu avec des sources identiques qui se déduisent les unes des autres par translation pour former des réseaux en série ou en parallèle comme illustré à la figure (III.13) [18-20].

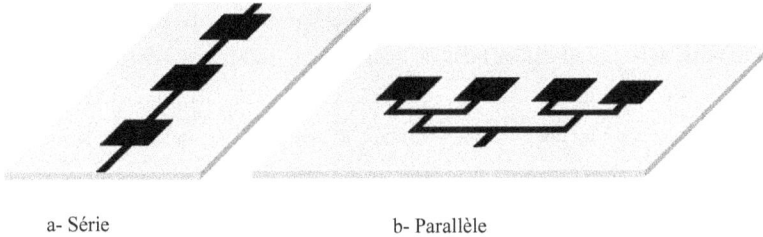

a- Série   b- Parallèle

Figure III. 13- Antenne réseau

Pour le réseau en série, une ligne de transmission excite en série les éléments rayonnants, la loi des phases impose une longueur de ligne donnée entre deux éléments consécutifs et le réseau est dit résonnant lorsque les éléments sont excités en phase, cette longueur est un multiple de la longueur d'onde guidée dans la ligne.

Alors que pour le réseau en parallèle, le circuit d'alimentation possède une entrée et n éléments rayonnants en sortie. La puissance est divisée entre les n éléments, avec la distribution désirée.

Le choix du type de réseau se fait selon les contraintes de l'application visée. En effet, le réseau série est moins encombré mais il a une bande passante plus faible que celle de la disposition en parallèle qui permet aussi d'obtenir des gains très importants de l'ordre de 28dBi , ce qui favorise ce dernier choix dans les différentes applications [21].

Cependant, les antennes réseaux présentent quelques imperfections dues essentiellement aux raisons suivantes [21]:

- Les pertes de l'énergie électromagnétique dans les lignes de transmission reliant les différents résonateurs influent sur l'efficacité de l'antenne ;

- La bande passante de l'antenne, comme celle d'un résonateur isolé, est relativement faible ;

- Le couplage mutuel entre les résonateurs est atténué en maintenant une distance suffisamment grande entre les résonateurs, ce qui entraîne une surface d'antenne importante.

III. Optimisation de la bande passante des antennes Patch carrées et rectangulaires

III.1. Présentation générale

Les antennes Patch micro-ruban sont largement employées dans diverses applications et surtout dans les systèmes de communication moderne vue leurs divers avantages par rapport aux antennes conventionnelles. Elles rapprochent la simplicité de fabrication avec des faibles coûts et les bonnes performances radioélectriques. Néanmoins, l'inconvénient majeur de ces structures réside essentiellement dans leur faible bande passante normalisée qui est généralement de l'ordre de quelques pourcents.

Cependant, l'adoption des technologies Ultra Large Bandes ″ULB″ ou Ultra Wide Band ″UWB″ par la commission fédérale des communications aux Etats-Unis d'Amérique en 2002, a accru la tendance vers la conception des antennes avec des bandes de fréquences extrêmement larges (éventuellement une bande passante $B_p \geq 25\%$ [22]) définies dans la gamme de fréquences de 3.1 à 10.6GHz. Elles présentent des diagrammes de rayonnement omnidirectionnels dans la totalité de la bande d'opération et des tailles relativement réduites afin de faciliter son intégration dans les différentes disciplines.

De ce fait, de nombreuses antennes large bande ont été conçues. Elles représentent une évolution directe des structures classiques comme les monopoles et les dipôles de base (doublet de Hertz). De plus, plusieurs techniques permettent l'élargissement des bandes passantes des antennes micro-ruban, telles que les structures carrés et rectangulaires qui ont été présentées et qui ont fait l'objet de plusieurs travaux de recherches. Parmi ces techniques, nous distinguons la mise en réseau log-périodique de plusieurs antennes patch ordinaire en s'inspirant des caractéristiques de bases des antennes Log-périodiques [23,24], déjà présentées dans le chapitre (II) et dont les antennes élémentaires sont dimensionnées de telle sorte qu'on puisse atteindre la bande de fréquence désirée. Une autre technique qui semble être assez intéressante présentée dans [25] et qui consiste à introduire un couplage capacitif entre l'élément rayonnant et son plan de masse permet à la fois l'optimisation de la bande passante et la réduction de la taille globale de la structure.

Dans le même contexte, l'insertion de fentes parasites sur l'élément rayonnant ou sur son plan de masse permet d'un côté d'éviter le chevauchement avec certains spectres de fréquences relatives aux normes non employées et non visées par certaines applications [26,27] et de l'autre côté d'introduire de nouvelles résonnances. Ceci a été obtenu en employant :

- Des fentes demi-onde non débouchant [28-32]
- Des fentes quart-d'onde débouchant [28-32]
- Des formes fractales [33,34].

D'autres techniques, basées sur l'optimisation du couplage entre l'élément rayonnant et le plan de masse, sont aussi employés. Elles procèdent à la modification de la forme du Patch par un découpage en marche d'escalier [35], ou par modification de la forme du plan de masse (par arrondissement ou extension ou découpage) [36,37]. En plus, l'optimisation de la ligne micro-ruban, excitant la structure rayonnante par l'énergie radioélectrique, joue un rôle primordial dans l'amélioration des performances des antennes. Parmi les procédés proposés dans la littérature, nous spécifions encore l'utilisation d'une ligne à impédance atténuée [38] afin de s'adapter progressivement avec l'impédance d'entrée de l'élément rayonnant et l'utilisation des lignes de transmission à deux branches ou trois banches [39,40] (alimentation en Trident).

Néanmoins, plusieurs méthodes sont adoptées rassemblant à la fois la miniaturisation de la taille globale de ces structures et l'optimisation de leur bande passante. Ces méthodes se basent sur :

- La modification de la forme de l'élément rayonnant [41].
- Le découpage de la partie supérieure du résonateur [42].
- Le pincement de l'antenne (forme nœud papillon) [43].
- L'ajout de résonateurs parasites juxtaposés ou superposés [44,45].
- Le repliement des éléments rayonnants [10].
- L'ajout des courts circuits plans, en languettes ou filaires (cas des antennes PIFA) [46-50].

De ce fait, nous avons commencé par l'étude de l'effet des dimensions et de la géométrie du plan de masse sur la réponse fréquentielle de l'antenne en utilisant des formes rectangulaires ou elliptiques optimisées par l'outil HFSS. Ensuite une étude paramétrique a été menée afin d'optimiser la distance entre le patch et son plan de masse réduit. Cette étude a été complétée par l'optimisation de l'alimentation dissymétrique employée.

III.2. Application à l'antenne Patch carré

III.2.1. Influence du plan de masse

Les modèles « semi analytiques » présentés dans la partie précédente (§ II.3), sont employés afin d'avoir un pré-dimensionnement de l'antenne pour une fréquence de fonctionnement définie, ainsi que les indications sur les moyens à mettre en œuvre pour l'adapter. Ils ne permettent pas de prévoir – sinon de façon très approximative – les gains et les diagrammes de rayonnement. Cependant, ces modèles sont très utiles dans la préparation de la modélisation par l'outil HFSS. Ainsi les dimensions de l'antenne Patch carré sont initialement calculées en se basant sur les équations présentées dans (§ II.3) et ensuite optimisées par des méthodes itératives employées par l'outil de simulation HFSS afin d'aboutir aux dimensions correspondant au fonctionnement optimum de la structure dans sa bande de fréquence relative.

Généralement, un plan de masse est employé dans la face inférieure du substrat pour réduire les dimensions (antenne en quart d'onde), mais afin d'élargir la bande de fréquence de ces structures, un plan de masse réduit est souvent employé. Les dimensions et la forme de ce dernier influent énormément sur la réponse fréquentielle du Patch. Nous avons commencé l'étude par le dimensionnement du plan de masse pour les deux formes de base : rectangulaire et elliptique comme illustré à la figure (III.14).

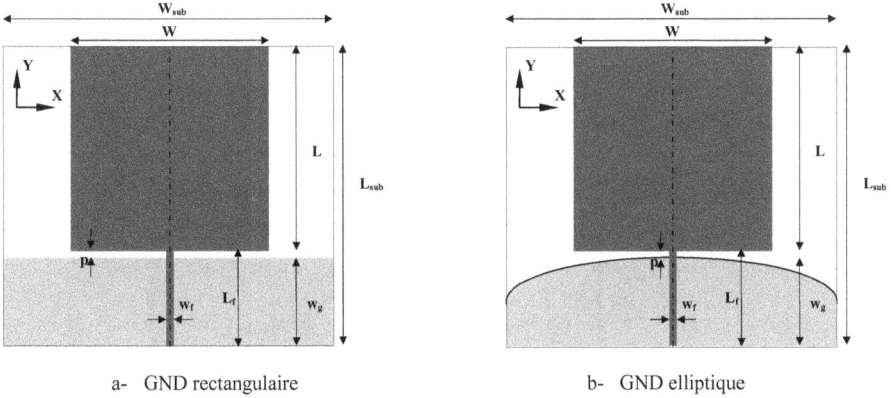

a- GND rectangulaire   b- GND elliptique

Figure III. 14- Géométries proposées

La distance p [51] dépend fortement de la longueur de la ligne micro-ruban excitant la structure rayonnante, de la largeur et du facteur d'ellipticité "q" du plan de masse. Les dimensions des deux géométries proposées sont illustrées par les tableaux (III.1) et (III.2).

Tableau III. 1- Géométrie à GND rectangulaire

Paramètres	Valeurs (mm)
W_{sub}	100
L_{sub}	90
W	60
L	60
p	4
w_g	26
L_f	30
w_f	2.1

Tableau III. 2- Géométrie à GND elliptique

Paramètres	Valeurs (mm)
W_{sub}	100 mm
L_{sub}	85.986 mm
W	60 mm
L	60 mm
q	0.462
w_g	26 mm
L_f	25.986 mm
w_f	2.1 mm

La figure (III.15) illustre la variation du coefficient de réflexion S_{11} à l'entrée de l'antenne pour les deux géométries proposées et comparées simultanément par rapport à la forme standard (éventuellement avec un plan de masse complet qui s'étale sur toute la surface située au dessous de l'élément rayonnant).

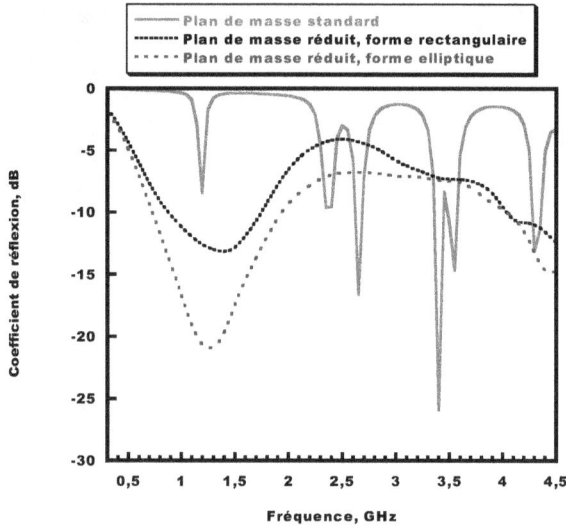

Figure III. 15- *Evolution du coefficient S_{11} pour différents GND*

Il est à remarquer que l'utilisation d'un plan de masse de forme elliptique offre une bande passante B_p optimale de l'ordre de 87.2% (f_b = 750MHz, f_h = 1.9GHz) relativement à la valeur S_{11}= -10dB. Par contre, avec la forme rectangulaire, la bande passante normalisée obtenue est de l'ordre de 61.5% (f_b = 900MHz, f_h = 1.7GHz) ; ce qui confirme l'effet du plan de masse sur la bande passante de l'antenne Patch.

III.2.2. Influence de la dissymétrie de l'alimentation

Dans cette partie, nous nous sommes intéressés à l'étude de l'effet de la position de la ligne d'alimentation micro-ruban sur la réponse fréquentielle de l'antenne. L'idée de base est d'alimenter la structure par une ligne décalée dont la position est optimisée par l'outil HFSS et appliquée aux deux formes du plan de masse déjà optimisées comme illustré à la figure (III.16). Ce décalage symétrique (c.à.d. appliqué soit à gauche soit à droite par rapport à l'axe de l'antenne) permet d'exciter d'autres modes supérieurs pour ajouter d'autres fréquences dans le spectre étudié de l'antenne.

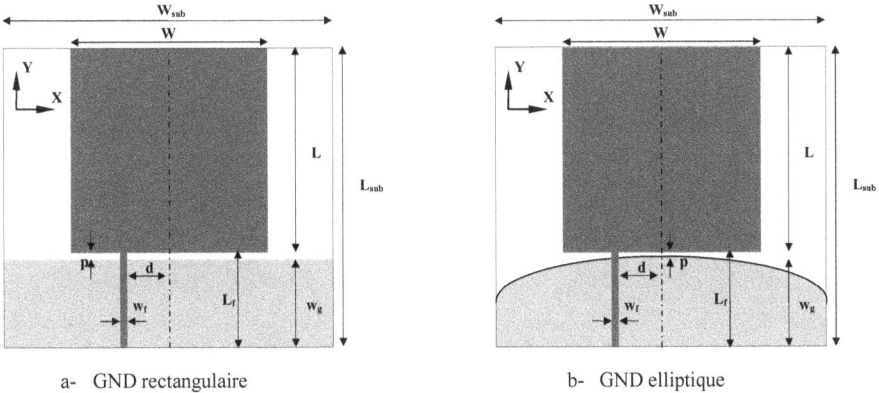

a- GND rectangulaire   b- GND elliptique

Figure III. 16- Géométries proposées alimentées par une ligne décalée

Durant la procédure d'optimisation, les dimensions des deux structures déjà représentées dans les tableaux (III.1) et (III.2) sont maintenues constantes, la distance optimale ″d″ obtenue est identique pour les deux formes, elle est égale à d = 15.9mm et aboutit au maximum de bandes de fréquences.

Ainsi, une comparaison est menée par la suite pour mettre en œuvre l'effet de cette variation sur la bande passante de chaque structure comme le montre la figure (III.17), où on représente la variation du coefficient de réflexion S_{11} relatif à chaque plan de masse et pour chaque type d'alimentation.

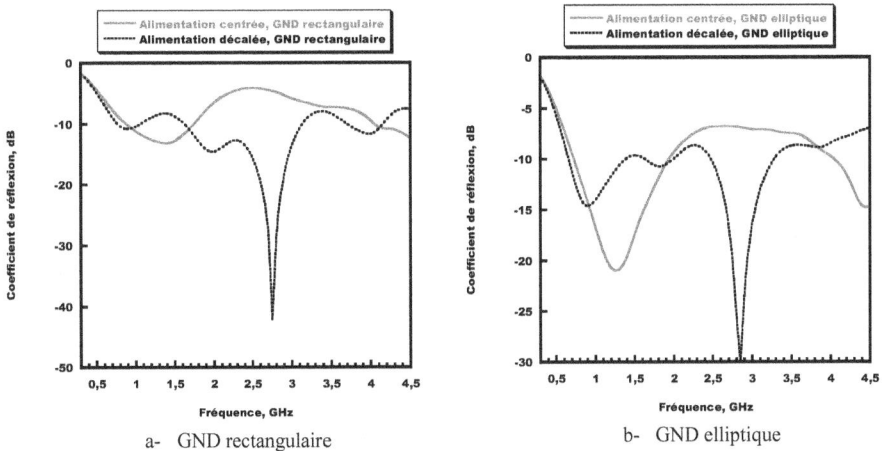

a- GND rectangulaire   b- GND elliptique

Figure III. 17 - Comparaison du coefficient S_{11} pour les deux GND

D'après la figure (III.17), on remarque que le décalage de la ligne d'alimentation influe directement sur la bande de fréquence et ceci en excitant des modes supérieurs avec une petite translation sur le domaine de fonctionnement côté limites inférieures et supérieures.

En effet, les résultats obtenus pour la forme du plan de masse rectangulaire, représentés par la figure (III. 17-a), montrent l'extension du domaine d'opération de l'antenne en cours et ceci en obtenant deux bandes de fréquence qui s'étalent respectivement de 0.8 à 1.05GHz (BW = 250MHz ; B_P = 27.02 %) et de 1.65 à 3.1GHz (BW = 1.45GHz ; B_P = 61.05 %).

Par contre, les résultats obtenus pour la forme du plan de masse elliptique, représentés par la figure (III. 17-b), montrent aussi l'élargissement du domaine de fonctionnement de la structure mais avec de petites fluctuations du coefficient de réflexion S_{11} ; ce qui a engendré comme conséquence l'apparition de trois bandes de fréquences relevées aussi par rapport à S_{11} = -10dB et qui s'étendent respectivement de 0.7 à 1.35GHz (BW = 650MHz ; B_P = 63.41%) et de 1.65 à 1.95GHz (BW = 300MHz ; B_P = 16.7%) et enfin de 2.5 à 3.25GHz (BW = 750MHz ; B_P = 26.09%).

En plus, pour mettre en œuvre l'apport de chaque technique, la variation du coefficient S_{11} pour les deux plans de masse et à alimentation décalée est aussi représentée comme illustré à la figure (III.18).

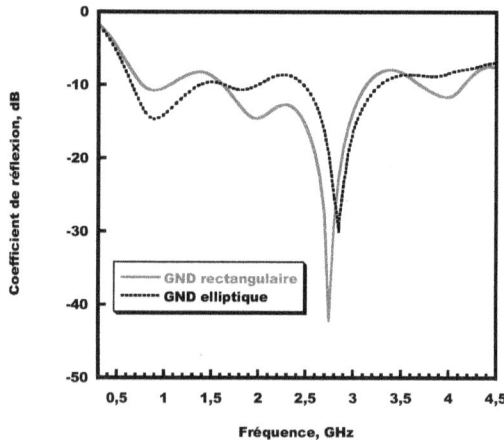

Figure III. 18- Variation du coefficient S_{11} pour les deux GND à alimentation décalée

D'après ces résultats, on voit bien que les fluctuations autour de S_{11} = -10dB sont minimales pour la structure à plan de masse rectangulaire offrant ainsi la possibilité de l'employer dans les deux bandes de fréquences représentées dans le paragraphe précédent.

III.2.3. Influence de la distance "p"

Dans cette partie, nous nous sommes intéressés à l'étude de l'effet de la distance notée "p" qui sépare l'élément rayonnant (éventuellement le Patch carré) à son plan de masse rectangulaire qui a été choisi aléatoirement dans les parties précédentes. De ce fait, une étude paramétrique a été menée pour trois valeurs de "p" (2mm, 4mm, 6mm) comme illustré à la figure (III.19) [52].

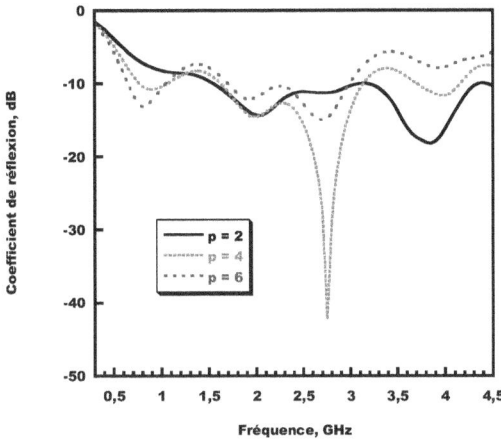

Figure III. 19- Variation du coefficient S$_{11}$ pour différentes valeurs de "p"

Les résultats de simulations sont résumés dans le tableau (III.3).

Tableau III. 3- Largeur de bande pour différentes valeurs de "p"

Distance p (mm)	Largeur de bande BW
2	- BW$_1$: 1.5GHz (f_L = 1.550GHz, f_H = 3.05GHz) - BW$_2$: 1.3GHz (f_L = 3.2GHz, f_H = 4.5GHz)
4	- BW$_1$: 256MHz (f_L = 800MHz, f_H = 1.056GHz) - BW$_2$:1.45GHz (f_L = 1.65GHz, f_H = 3.1GHz) - BW$_3$: 400MHz (f_L = 3.75GHz, f_H = 4.15GHz)
6	- BW$_1$: 350MHz (f_L = 650MHz, f_H = 1GHz) - BW$_2$: 1.19GHz (f_L = 1.76GHz, f_H = 2.95GHz)

D'après ce tableau, le choix idéal est donc de fixer la distance "p" à 4mm ; ce qui offre la possibilité de couvrir la majorité des bandes ISM et éventuellement la bande de fréquence la plus large avec des petites fluctuations (négligeables) atour de la valeur S_{11} = -10dB.

III.2.4. Etude de la répartition des courants surfaciques

La densité de courant surfacique J_s à la surface de l'élément rayonnant (éventuellement à la même puissance et phase) a été relevée pour trois fréquences (f_1 = 1.7GHz, f_2 = 2.45GHz, f_3 = 2.75GHz) comme illustré à la figure (III-20).

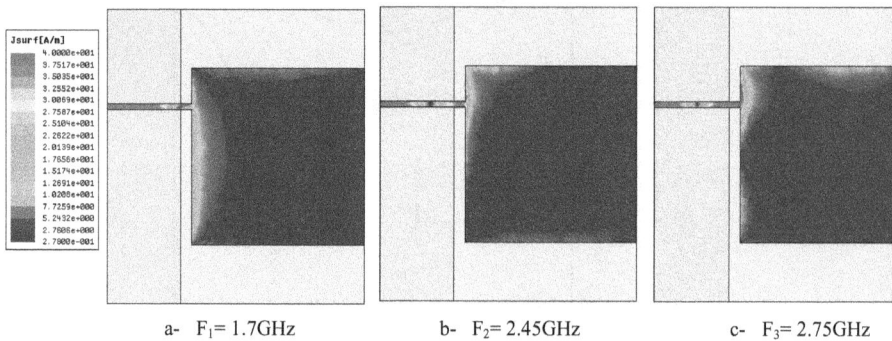

a- F_1= 1.7GHz   b- F_2= 2.45GHz   c- F_3= 2.75GHz

Figure III. 20- Répartition de la densité de courant surfacique J_s

Cette figure montre une densité J_s maximale concentrée aux voisinages des bords du patch et surtout sur la ligne de transmission micro-ruban, en plus cette réparation est presque identique pour toutes les fréquences de fonctionnements.

III.2.5. Validation expérimentale

Le prototype de la structure optimisée est fabriqué sur le substrat FR4 époxy Glass de permittivité relative ε_r = 4.4 et de hauteur h = 1.6mm, en se basant sur les dimensions spécifiées dans le tableau (III.1) comme c'est illustré par la figure (III.21). La structure est alimentée via un connecteur SMA ayant comme impédance caractéristique Z_c = 50Ω et dont l'axe central est soudé avec la ligne micro-ruban et son embase est soudée avec le plan de masse de la structure.

Figure III. 21- Photo de l'antenne réalisée

Le coefficient de réflexion de la structure a été mesuré dans la bande de fréquence 0.3-4.5 GHz en utilisant un analyseur vectoriel de réseau "Agilent HP 8753E" à l'ESEO. Cependant, avant toute mesure, la calibration de l'analyseur de réseau doit être effectuée pour prendre en compte les imperfections des différents composants. Cette calibration permet d'une part de corriger les mesures brutes effectuées par l'appareil, et d'autre part de localiser les plans de référence pour les mesures de phases.

Cette étape consiste à mesurer successivement la réflexion d'éléments étalons dont les coefficients de réflexion théoriques sont connus : un court-circuit, une charge adaptée, un circuit ouvert. Le kit de calibrage employé est de type 3.5mm, il est illustré par la figure (III.22).

Figure III. 22- Photo du kit de calibrage de l'ESEO

Les résultats des simulations et des mesures du coefficient de réflexion S_{11} sont représentés sur la figure (III.23) [52].

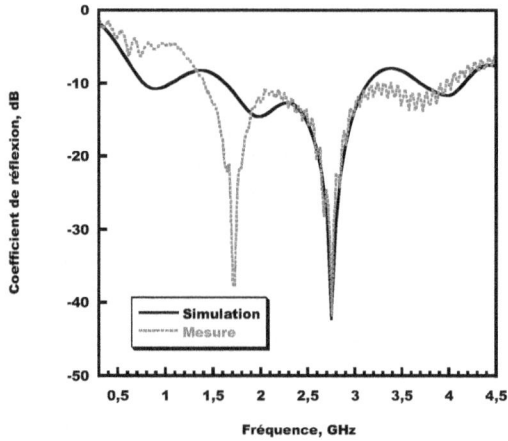

Figure III. 23- Evolution du coefficient de réflexion S_{11} simulé et mesuré

On remarque une certaine corrélation entre les résultats des mesures et des simulations mais avec de petits décalages surtout du côté basses fréquences où nous distinguons la disparition de la première bande de fréquence obtenue dans les résultats de simulations par l'outil HFSS. Cette différence peut être liée aux différents paramètres déjà négligés dans ces simulations comme l'effet des soudures, la qualité du substrat employé (essentiellement sa hauteur réelle h, sa permittivité,…). En plus, les résultats de mesures montrent que la structure réalisée présente une bande de fréquence très large qui s'étend de 1.41 à 4GHz avec une bande de fréquence B_P de l'ordre de 95.8% relativement à la valeur de $S_{11} \leq$ - 10 dB, avec des pics autour des deux fréquences f_1 = 1.7GHz (S_{11} = -37.8dB) et f_2 = 2.75 GHz (S_{11} = -41.7dB).

Le diagramme de rayonnement de l'antenne Patch carré a été mesuré dans la chambre anéchoïde disponible à l'Institut d'Electronique et des Télécommunications de Rennes (IETR, Rennes, France). L'utilité de la chambre anéchoïde réside dans l'absorption de tous les trajets multiples. Dans cette situation, le diagramme de rayonnement de l'antenne peut être mesuré en s'approchant des conditions de propagation en espace libre. Ainsi, le signal capté est dû seulement au chemin direct.

Généralement, les trajets multiples sont causés par des réflexions sur les différents obstacles existants autour de l'antenne. Pour les éviter, les six côtés de la chambre anéchoïde sont couverts par des absorbants ayant la forme pyramidale (Figure IV.24-b). Ces derniers sont serrés les uns aux autres, leurs sommets sont distants de $\dfrac{\lambda}{2}$ où λ est la longueur d'onde de la plus petite fréquence mesurable dans la chambre. Chaque chambre anéchoïde est alors destinée à une bande bien limitée.

En plus, le dispositif de mesure comprend un réseau de 32 sondes bipolarisées et un logiciel recouvrant l'automatisation des séquences de mesure, l'acquisition et le traitement des données (Stargate 32 de la société SATIMO). Cette technique de mesure permet d'avoir des diagrammes de rayonnement en 3D et des balayages en fréquences rapide par rapport à un système classique.

Les caractéristiques techniques de cette chambre sont:

- Dimensions internes de l'arche : 1.6m
- Bande de fréquence : 0.8 - 6GHz
- Dynamique de mesure : 70dB
- Mesures en temps réel

La photo du dispositif expérimental de l'IETR utilisé pour caractériser les antennes est illustrée par la figure (III.24).

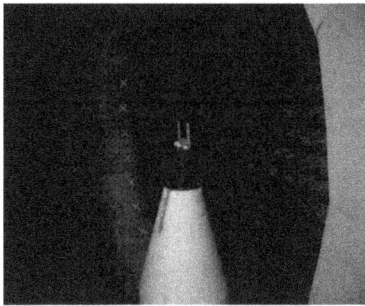

a- Antenne sous test   b- Photo de la chambre   c- Station de calcul

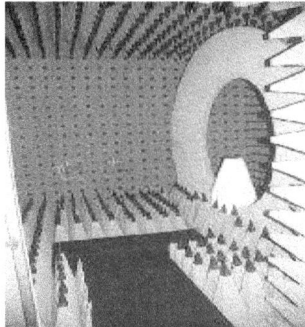

Figure III. 24- Photos du dispositif de mesures

Les diagrammes de rayonnement simulés et mesurés respectivement dans le plan E (plan contenant le vecteur champ électrique E et la direction du maximum de rayonnement, éventuellement le plan X-Z) et le plan H (plan contenant la vecteur champ magnétique H et la direction du maximum de rayonnement, éventuellement le plan Y-Z) sont représentés sur la figure (III.25) pour les fréquences 1.7GHz, 2.45GHz et 2.75GHz.

a- Plan (X-Z)

b- Plan (Y-Z)

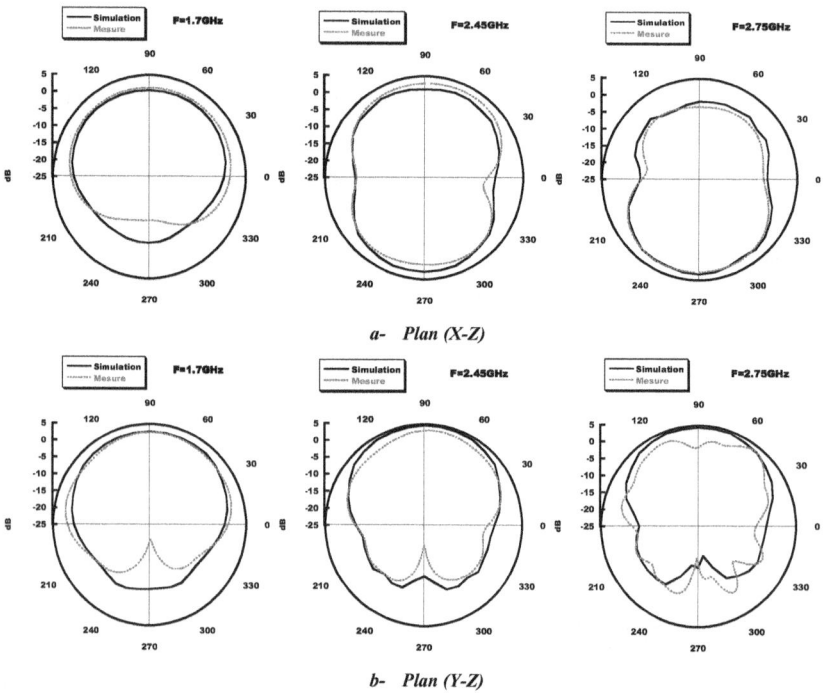

Figure III. 25- Diagramme de rayonnement pour les fréquences 1.7GHz, 2.45GHz et 2.75GHz

Ces résultats montrent que l'antenne réalisée exhibe des diagrammes omnidirectionnels dans sa bande d'opération qui sont identiques à ceux d'un monopole classique. On remarque en plus une certaine coïncidence entre les résultats des mesures et des simulations mais avec de petits décalages surtout dans le plan (Y-Z) qui peuvent êtres liés aux imperfections dues aux réalisations (dimensionnement, soudures,…). Les valeurs maximales du gain mesuré sont obtenues pour les fréquences f_1 = 2.45GHz ($G_{mesuré}$ = 2.96dB$_i$) et f_2 = 2.75GHz ($G_{mesuré}$ = 3.2dB$_i$) essentiellement dans le plan (Y-Z).

III.3. Application à l'antenne Patch rectangulaire

Dans cette partie, on s'est intéressé à l'étude de la possibilité de réduire même partiellement la longueur totale de l'antenne Patch carré tout en conservant les performances radioélectriques déjà obtenues. De ce fait, l'idée de base c'est d'agir sur la longueur ″L″ fixant les fréquences de résonances tout en gardant les différents paramètres déjà obtenus lors de la première optimisation. Ainsi, la valeur optimale fournies par l'outil HFSS est alors L = 70mm offrant une réduction de 20mm sur la longueur totale de la structure initiale. Dans la suite, nous avons simulé la structure avec les deux formes du plan de masse en utilisant les autres paramètres représentés respectivement dans les tableaux (III.1) et (III.2), les résultats de simulations sont illustrés dans la figure (III.26).

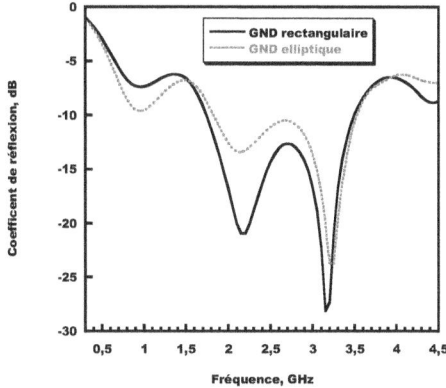

Figure III. 26- Variation du coefficient S_{11} pour les deux GND à alimentation décalée

Ces résultats montrent que l'utilisation d'un plan de masse de forme rectangulaire offre une largeur de bande supérieure à celle obtenue en employant la forme elliptique. En effet, les bandes de fréquences relevées par rapport à $S_{11} = -10dB$ s'étendent respectivement de 1.75 à 3.5GHz (BW = 1.75GHz ; B_p = 66.7 %) et de 1.85 à 3.5GHz (BW = 1.65GHz ; B_p = 61.7 %), ce qui favorise le choix de la structure à plan de masse rectangulaire. La figure (III.27) illustre la comparaison entre l'évolution du coefficient de réflexion S_{11} relatif aux deux structures étudiées (rectangulaire et carré).

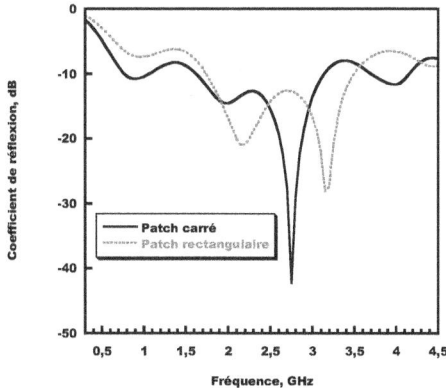

Figure III. 27- Variation du coefficient S_{11} pour le Patch carré & rectangulaire

D'après ces résultats, le choix de la forme rectangulaire est primordial dans son domaine d'opération (autour de la fréquence 2.45GHz) où l'adaptation d'impédance est nettement meilleure à l'exception de la fréquence de résonnance f = 2.75GHz.

III.2.1. Etude de la répartition des courants surfaciques

La figure (III.28) montre la densité de courant J_s à la surface de l'élément rayonnant pour les trois fréquences $f_1 = 1.7GHz$, $f_2 = 2.45GHz$ et $f_3 = 2.75GHz$ afin de vérifier la stabilité de la structure dans sa bande d'opération.

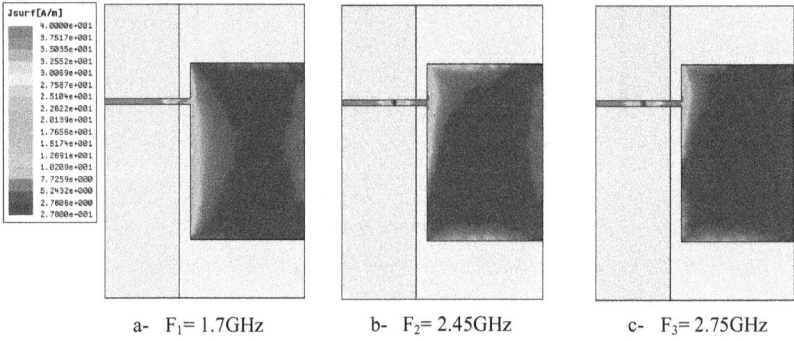

a- F_1= 1.7GHz   b- F_2= 2.45GHz   c- F_3= 2.75GHz

Figure III. 28- Répartition de la densité de courant surfacique J_s

De la même manière, cette figure montre une densité J_s maximale concentrée aux voisinages des bords du patch et surtout sur la ligne de transmission micro-ruban et la zone de contact avec l'élément rayonnant.

III.2.2. Validation expérimentale

Afin de concrétiser les résultats de simulations déjà obtenus, la structure étudiée a été aussi fabriquée où l'élément rayonnant et sa ligne d'alimentation sont imprimés sur la face supérieure du substrat FR4 époxy glass, ayant comme hauteur h = 1.6mm et permittivité ε_r = 4.4, alors que le plan de masse est situé sur la face inférieure. L'alimentation en énergie radioélectrique est aussi assurée par le connecteur SMA comme c'est illustré par la figure (III.29) [52].

Figure III. 29- Photo de l'antenne réalisée

L'évolution du coefficient de réflexion à l'entrée de l'antenne mesuré avec le même analyseur de réseau vectoriel et simulé par l'outil HFSS sont illustrés par la figure (III.30).

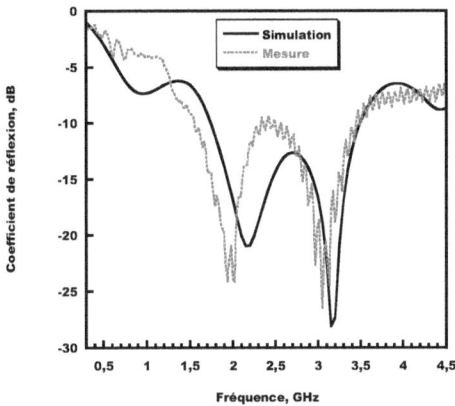

Figure III. 30- Evolution du coefficient de réflexion S_{11} simulé et mesuré

Ces résultats restent très significatifs surtout avec la réduction obtenues sur la longueur totale de la structure, la bande de fréquence mesurée s'étend de 1.56 à 3.5GHz (avec une largeur de bande de l'ordre de 1.94GHz et une bande passante égale à 76.7%) avec des pics autour des deux fréquences $f_1 = 2.02$GHz (S_{11}=-24.3dB) et $f_2 = 3.13$ GHz (S_{11}=-24.4dB).

En plus, on remarque qu'il y a une certaine correspondance entre les résultats de mesures et de simulations ; les petits décalages surtout sur la limite inférieure de la bande peuvent êtres accordés aux imperfections de la réalisation et de certains paramètres négligés lors des simulations (soudures, etc...).

Les diagrammes de rayonnement simulés et mesurés dans la chambre anéchoïde respectivement dans les plan E (plan X-Z) et le plan H (plan Y-Z) sont représentés dans la figure (III-31) pour les fréquences 1.7GHz, 2.45GHz et 2.75GHz.

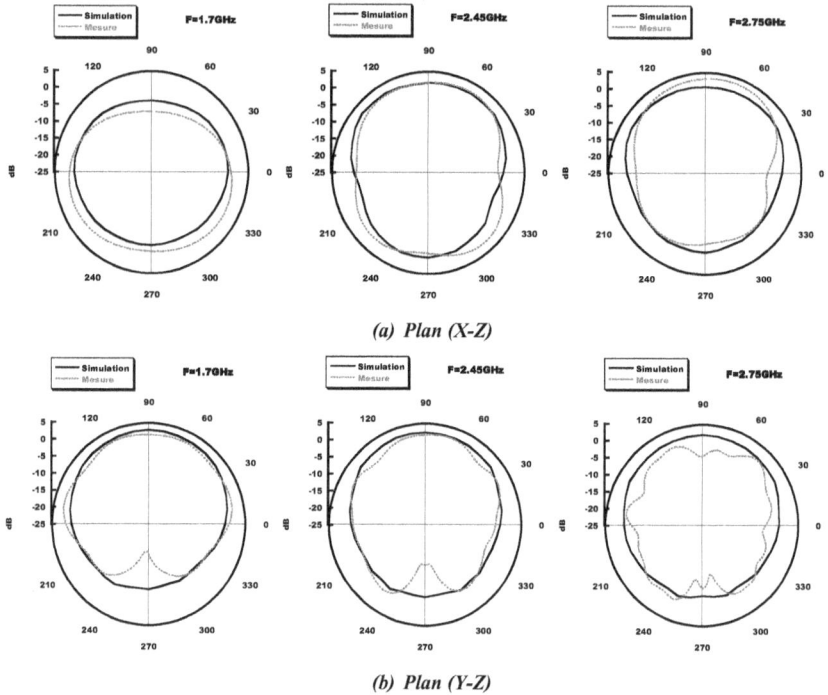

(a) Plan (X-Z)

(b) Plan (Y-Z)

Figure III. 31- Diagramme de rayonnement pour les fréquences 1.7GHz, 2.45GHz et 2.75GHz

Ces résultats montrent que l'antenne réalisée exhibe des diagrammes omnidirectionnels dans sa bande d'opération. Les valeurs maximales du gain mesuré sont obtenues pour les fréquences $f_1 = 2.45$ GHz ($G_{mesuré} = 2.2dB_i$) et $f_2 = 2.75$GHz ($G_{mesuré} = 3.2dBi$) essentiellement dans le plan (X-Z).

IV. Conception des antennes ULB dans la bande 700MHz-4.5GHz

Dans cette partie, on s'intéresse à l'optimisation de la bande de fréquence de la structure Patch carré tout en exploitant les résultats d'optimisation déjà obtenus grâce à l'outil HFSS et présentés dans le tableau (III.1). L'objectif principal de cette étude s'est d'élargir la bande passante vers les basses fréquences afin d'inclure le maximum des bandes ISM et WMTS, en commençant par 700MHz mais sans augmenter la taille de la structure étudiée. En effet, les performances radioélectriques de l'antenne dépendent essentiellement de sa forme et ses dimensions rapportées à la longueur d'onde. Ce qui induit que la taille normale de l'antenne à cette fréquence (700MHz), serait de l'ordre de 21.5cm.

Cependant, d'après les résultats obtenus dans le paragraphe (III.3), la diminution de la longueur "L" affecte directement la limite inférieure mais en conservant pratiquement la même réponse côté limite supérieure. De plus, d'après l'étude précédente, nous avons constaté que l'élargissement de la bande passante se fait en agissant sur la distance "p", la forme du plan de masse (éventuellement choisies de forme rectangulaire) et essentiellement le couplage entre l'élément rayonnant et son plan de masse. L'idée de base consiste à modifier la forme du Patch sans toucher aux dimensions et ceci en arrondissant la base de l'élément rayonnant et de choisir l'alimentation sur son axe principal éventuellement en employant deux types de lignes : Micro-ruban (Microstrip) et Coplanaire (CPW).

IV.1. Structure à ligne micro-ruban

IV.1.1. Géométrie de l'antenne

La géométrie de la structure proposée est donnée par la figure (III.32).

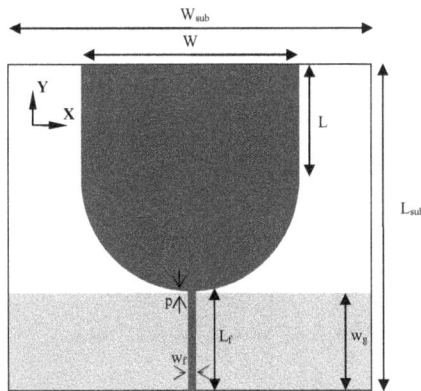

Figure III. 32- Géométrie de la structure proposée

La procédure d'optimisation concernait le facteur d'ellipticité "q" de la base inférieure de l'élément rayonnant. La valeur optimale obtenue est alors q = 1 imposant ainsi le choix de la forme circulaire.

Dans la suite, une étude paramétrique a été menée sur la distance "p" afin de choisir la valeur optimale (éventuellement en agissant sur la longueur de la ligne micro-ruban tout en maintenant la largeur du plan de masse). La figure (III.33) montre l'évolution du coefficient de réflexion S_{11} en fonction de la fréquence pour différentes valeurs de ''p''.

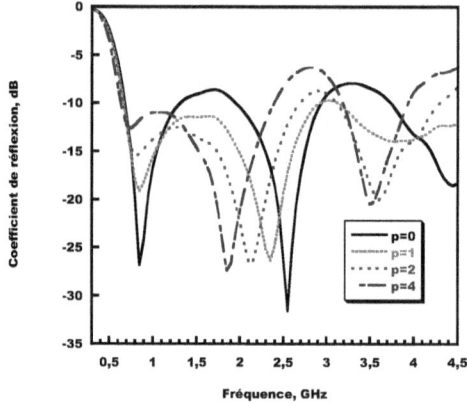

Figure III. 33- Variation du coefficient S_{11} pour différentes valeurs de ''p'' en mm

Ces résultats montrent que le choix judicieux serait de fixer p = 1mm. En effet, la bande de fréquence relevée par rapport à S_{11} = -10dB s'étend de 0.7 à 4.5GHz (BW = 3.8GHz ; B_p = 146.2%). Ainsi les dimensions finales de la structure proposée sont résumées sur le tableau (III.4).

Tableau III. 4- Dimensions de la structure proposée

Paramètres	Valeurs (mm)
W_{sub}	100
L_{sub}	87
W	60
L	30
p	1
w_g	26
L_f	27
w_f	2.1

Cette structure nous offre une réduction de taille de 12.8cm par rapport à la structure classique résonnante autour de 700MHz, ce qui rassemble taille réduite et large bande de fréquence.

IV.1.2. Etude de la répartition des courants surfaciques

La densité de courant surfacique J_s à la surface de l'élément rayonnant a été relevée aussi pour quatre fréquences (f_1 = 700MHz, f_2 = 1.7GHz, f_3 = 2.45GHz, f_4 = 2.75GHz) comme illustré à la figure (III.34).

a- F_1= 700MHz

b- F_2= 1.7GHz

c- F_3= 2.45GHz

d- F_4= 2.75GHz

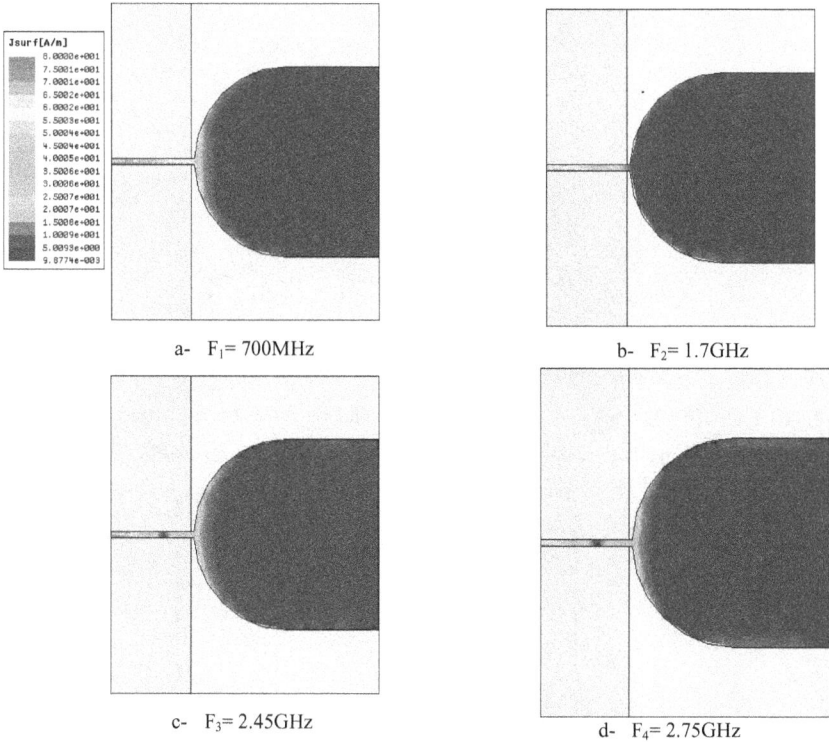

Figure III. 34- Répartition de la densité de courant surfacique J_s

Il est à remarque que la densité J_s maximale est condensée aux bords du patch et surtout sur la ligne de transmission micro-ruban et la zone de contact avec l'élément rayonnant.

IV.1.3. Validation expérimentale

La structure étudiée a été aussi fabriquée comme illustré à la figure (III.35). L'élément rayonnant et sa ligne d'alimentation sont imprimés sur la face supérieure du même substrat FR4 époxy glass employé précédemment, alors que le plan de masse est situé sur la face inférieure.

Figure III. 35- Photo de l'antenne réalisée

La figure (III.36) illustre les variations du coefficient de réflexion à l'entrée de l'antenne mesuré avec le même analyseur de réseau vectoriel et simulé par l'outil HFSS.

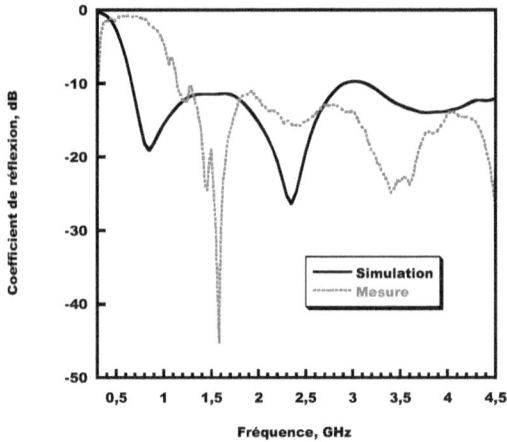

Figure III. 36- Evolution du coefficient de réflexion S_{11} simulé et mesuré

D'après cette figure, nous remarquons un certain décalage entre les mesures et les simulations surtout au niveau de la limite inférieure. La bande de fréquence mesurée s'étend de 1.14 à 4.5GHz (BW = 3.36GHz ; B_p = 119.15%) donc avec un décalage de l'ordre de 440MHz par rapport à la valeur de $S_{11} \leq -10$dB.

La figure (III.37) regroupe les diagrammes de rayonnement simulés et mesurés dans la chambre anéchoïde respectivement dans le plan E (plan X-Z) et le plan H (plan Y-Z) pour les fréquences 1.7GHz, 2.45GHz et 2.75GHz.

---

a-   Plan (X-Z)

b-   Plan (Y-Z)

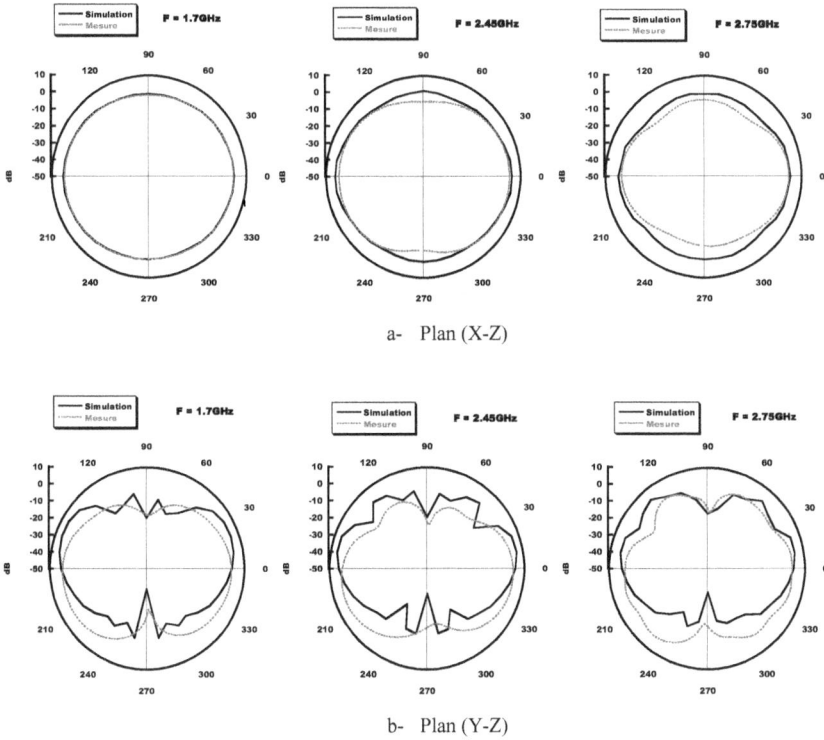

Figure III. 37- Diagramme de rayonnement pour les fréquences 1.7GHz, 2.45GHz et 2.75GHz

Les valeurs maximales du gain mesuré sont obtenues essentiellement pour la fréquence $f_1 = 2.45GHz$ avec $G_{mesuré} = 2.7dB_i$ dans le plan (X-Z) et $G_{mesuré} = 3.15dB_i$ dans le plan (X-Z).

IV.2. Structure à ligne CPW

IV.2.1. Géométrie de l'antenne

Dans cette partie, nous nous sommes intéressés à l'étude de l'effet du type d'alimentation sur les performances de l'antenne. La géométrie de la structure proposée est donnée par la figure (III.38).

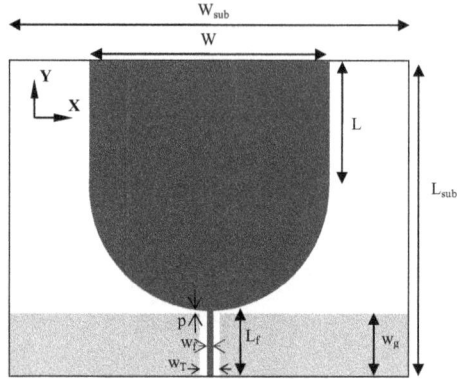

Figure IV. 1

Figure III. 38- Antenne à alimentation CPW

Durant la procédure d'optimisation par l'outil HFSS, les dimensions de l'élément rayonnant sont maintenues constantes et l'optimisation concernait uniquement les dimensions du plan de masse ainsi que l'épaisseur de la ligne centrale.

Ainsi, les paramètres de la structure sont regroupés dans le tableau (III.5).

Tableau III. 5- Dimensions de la structure proposée

Paramètres	Valeurs (mm)
W_{sub}	100
L_{sub}	76
W	60
L	30
p	1
w_g	15
L_f	16
w_f	1.5
w_T	2

Avec ce type d'alimentation, nous pouvons insérer d'autres éléments au dessous de l'antenne du fait que le plan de masse est déjà contenu dans le même plan que l'élément rayonnant ; ce qui permet de réduire l'encombrement total d'un terminal ou système (éventuellement récepteur ou émetteur).

La figure (III.39) montre une comparaison entre la réponse de la structure pour les deux types d'alimentation : à ligne micro-ruban et ligne coplanaire CPW.

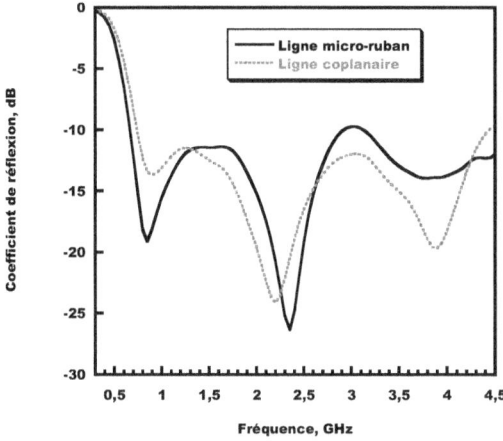

Figure III. 39- Evolution du coefficient de réflexion S_{11}

Les résultats obtenus montrent la coïncidence entre les deux allures mais avec une certaine dégradation des amplitudes surtout du côté limite inférieure de la bande. La bande d'opération simulée pour la structure à alimentation coplanaire s'étend de 0.75 à 4.4GHz (BW = 3.65GHz ; B_p = 141.75%).

IV.2.2. Etude de la répartition des courants surfaciques

La densité de courant surfacique J_s à la surface de l'élément rayonnant a été relevée aussi pour quatre fréquences (f_1 = 750MHz, f_2 = 1.7GHz, f_3 = 2.45GHz, f_4 = 2.75GHz) comme illustré à la figure (III.40).

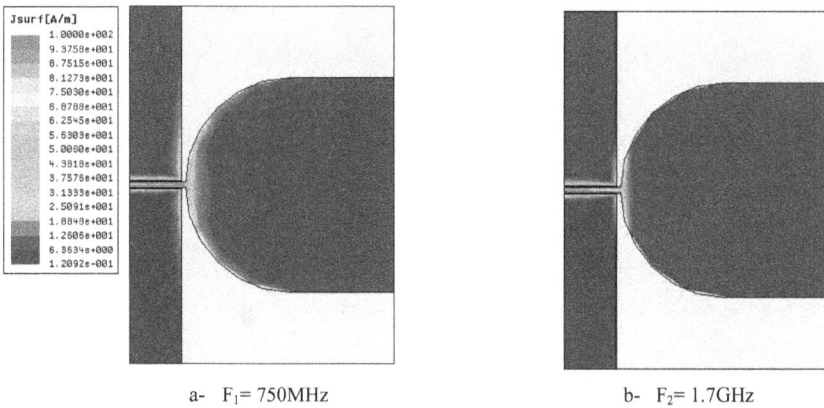

a- F_1= 750MHz

b- F_2= 1.7GHz

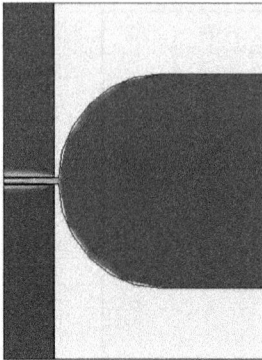 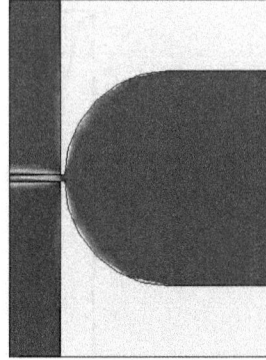

c- F_3= 2.45GHz   d- F_4= 2.75GHz

Figure III. 40- Répartition de la densité de courant surfacique J_s

On remarque que le courant surfacique est uniformément distribué sur la surface de l'antenne. La densité J_s maximale est concentrée sur la zone d'excitation et la zone de contact de la ligne avec l'élément rayonnant.

IV.2.3. Validation expérimentale

La photo du prototype réalisé est illustrée par la figure (III.41).

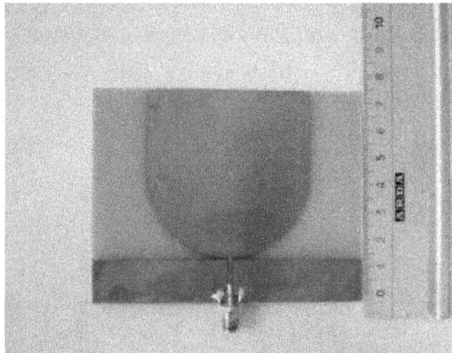

Figure III. 41- Photo de l'antenne réalisée

La figure (III.42) montre l'évolution du coefficient de réflexion à l'entrée de l'antenne mesuré avec le même analyseur de réseau vectoriel et simulé par l'outil HFSS.

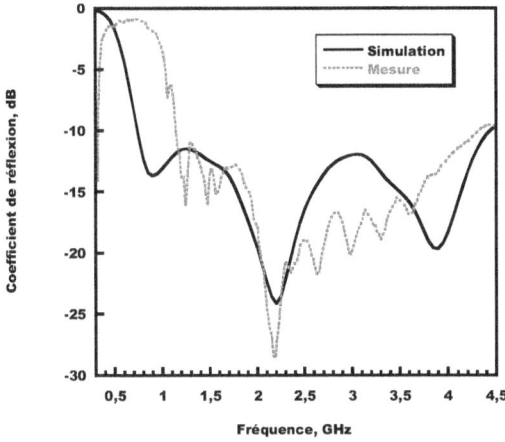

Figure III. 42- Evolution du coefficient de réflexion S_{11} simulé et mesuré

D'après cette figure, nous remarquons que le décalage entre les mesures et les simulations persiste encore surtout au niveau de la limite inférieure. La bande de fréquence mesurée s'étend de 1.16 à 4.1GHz (BW = 3.16GHz ; B_p = 115.33%) ; donc avec un décalage de l'ordre de 410MHz par rapport à la valeur de $S_{11} \leq$-10dB.

Les diagrammes de rayonnement simulés et mesurés sont aussi représentés dans la figure (III.43) pour les fréquences 1.7GHz, 2.45GHz et 2.75GHz.

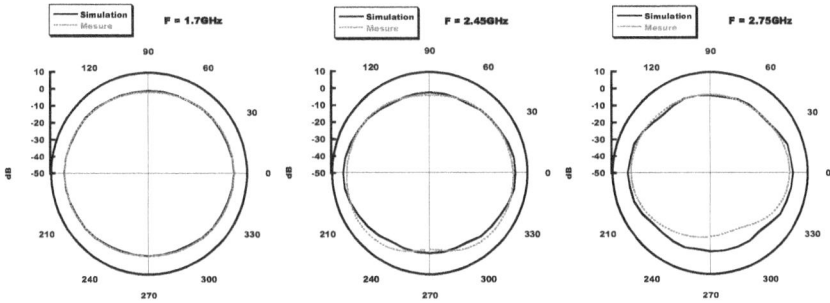

a- Plan (X-Z)

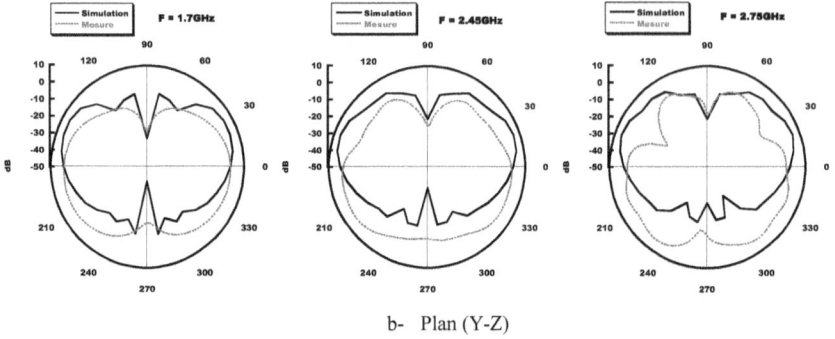

b- Plan (Y-Z)

Figure III. 43- Diagramme de rayonnement pour les fréquences 1.7GHz, 2.45GHz et 2.75GHz

Le diagramme de rayonnement de cette antenne reste omnidirectionnel sur la bande utile, mais avec quelques dégradations dans le plan (Y-Z). Les valeurs maximales du gain mesuré sont obtenues essentiellement pour les fréquences $f_1 = 2.45$GHz ($G_{mesuré} = 1.98$dB$_i$ dans le plan (X-Z)) et $f_2 = 2.75$GHz ($G_{mesuré} = 2.8$dB$_i$ dans le plan (Y-Z)).

IV.2.4. Conclusion

Il ressort de cette étude que l'utilisation d'une alimentation à ligne coplanaire CPW, peut être plus intéressante malgré la légère dégradation de la bande passante et des gains mesurés.

En effet, l'adaptation d'impédance pour cette structure est nettement améliorée par rapport à la structure à ligne micro-ruban. En plus, nous pouvons exploiter l'espace, initialement occupé par le plan de masse, pour insérer d'autres éléments assurant différentes fonctions électroniques.

IV.3. Structure à forme de "Cloche"

IV.3.1. Géométrie de l'antenne

Dans cette partie, nous nous sommes intéressés à l'étude de l'effet de la partie supérieure de l'élément rayonnant (en s'inspirant du principe de base des antennes en cône) qui fixe la limite inférieure de la bande d'opération de l'antenne étudiée. En plus, l'utilisation d'une alimentation coplanaire "CPW" avec les dimensions déjà optimisées dans le paragraphe (IV.2) est intéressante vu la possibilité d'ajouter d'autres éléments au dessous de l'antenne. La géométrie de la structure proposée est donnée par la figure (III.44).

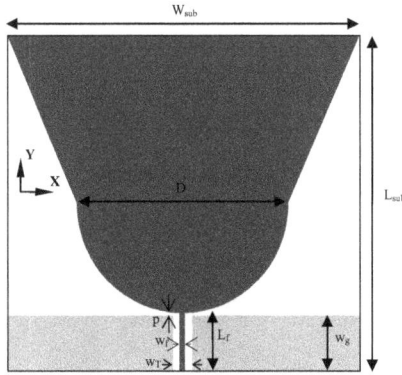

Figure III. 44- Antenne cloche à alimentation CPW

Ainsi, les paramètres de la structure sont regroupés dans le tableau (III.6).

Tableau III. 6- Dimensions de la structure proposée

Paramètres	Valeurs (mm)
W_{sub}	100
L_{sub}	92
D	60
p	1
w_g	15
L_f	16
w_f	1.5
w_T	2

La figure (III.45) montre une comparaison entre la réponse de la structure par rapport aux structures présentées respectivement dans les paragraphes (IV.1) et (IV.2).

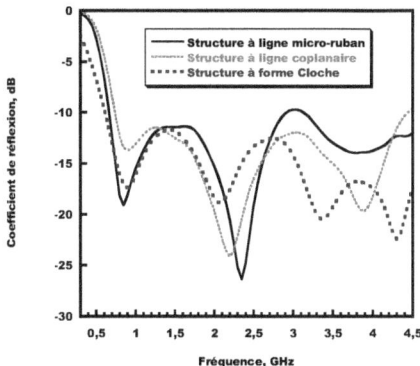

Figure III. 45- Evolution du coefficient de réflexion S_{11}

Les résultats obtenus représentés sur la figure (III.45) montrent le rapprochement entre les différentes allures ; mais la structure en Cloche offre plus de stabilité du coefficient S_{11}. La bande d'opération simulée pour cette structure s'étend de 0.65 à 4.5GHz (BW = 3.85GHz ; B_p = 149.52%).

IV.3.2. Etude de la répartition des courants surfaciques

La figure (III.46) montre la distribution de la densité de courant surfacique J_s pour les quatre fréquences f_1 = 650MHz, f_2 = 1.7GHz, f_3 = 2.45GHz et f_4 = 2.75GHz.

a- F_1= 650MHz   b- F_2= 1.7GHz

c- F_3= 2.45GHz   d- F_4= 2.75GHz

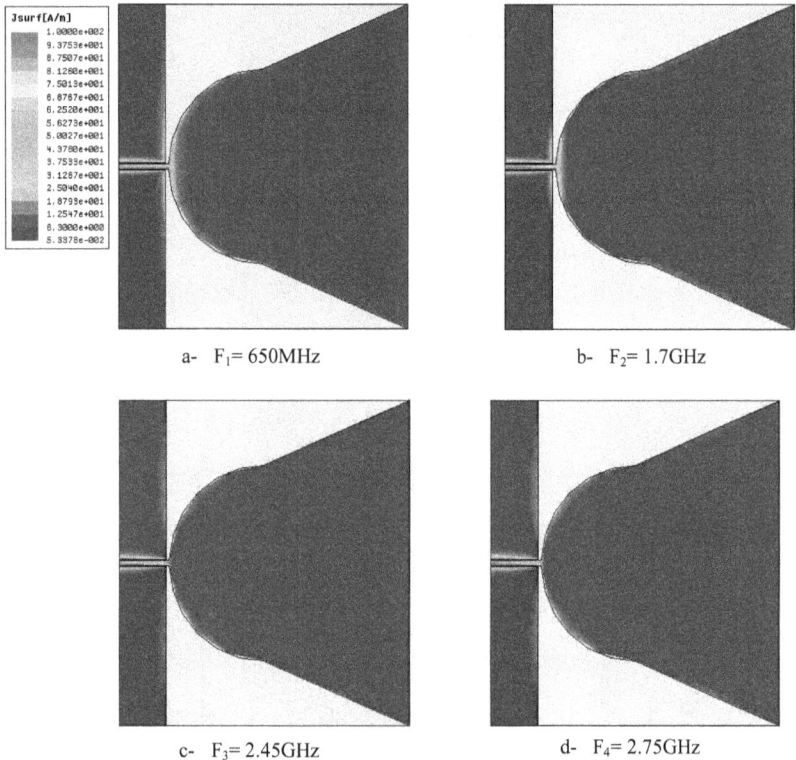

Figure III. 46- Répartition de la densité de courant surfacique J_s

D'après cette figure, aucun effet significatif n'a été remarqué sur la répartition de la densité J_s où les résultats sont similaires à ceux obtenus pour les structures présentées initialement.

IV.3.3. Validation expérimentale

La structure étudiée a été aussi fabriquée sur le fameux substrat FR4 époxy glass (h = 1.6mm) comme illustré à la figure (III.47).

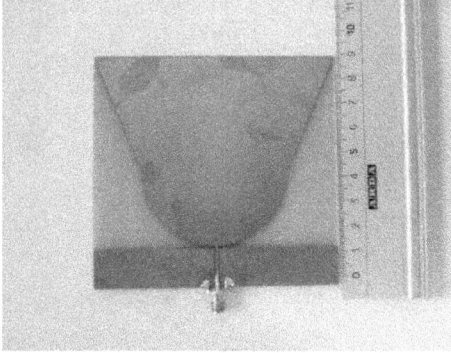

Figure III. 47- Photo de l'antenne réalisée

La figure (III.48) synthétise les résultats de mesure et de simulation du coefficient de réflexion à l'entrée de l'antenne.

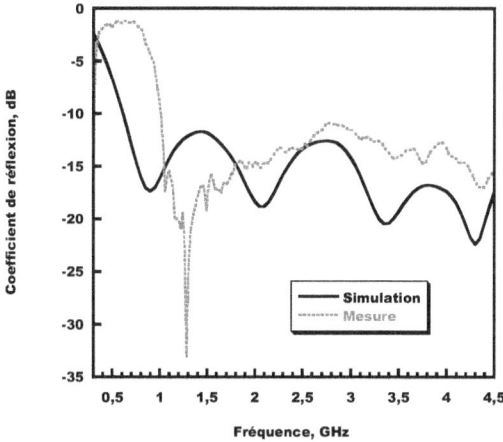

Figure III. 48- Evolution du coefficient de réflexion S_{11} simulé et mesuré

D'après cette figure, nous remarquons que le décalage entre les mesures et les simulations persiste encore surtout au niveau de la limite inférieure. La bande de fréquence mesurée s'étend de 1 à 4.5GHz (BW = 3.5GHz ; B_p = 127.27%) ; ce qui correspond à un décalage de l'ordre de 350MHz par rapport à la valeur de $S_{11} \leq$-10dB. Il est à noter que la valeur du coefficient de réflexion est presque stable et ceci à partir de la fréquence 1.8GHz.

Les diagrammes de rayonnement simulés et mesurés dans la chambre anéchoïde respectivement dans le plan E (plan X-Z) et le plan H (plan Y-Z) sont représentés dans la figure (III.49) pour les fréquences 1.7GHz, 2.45GHz et 2.75GHz.

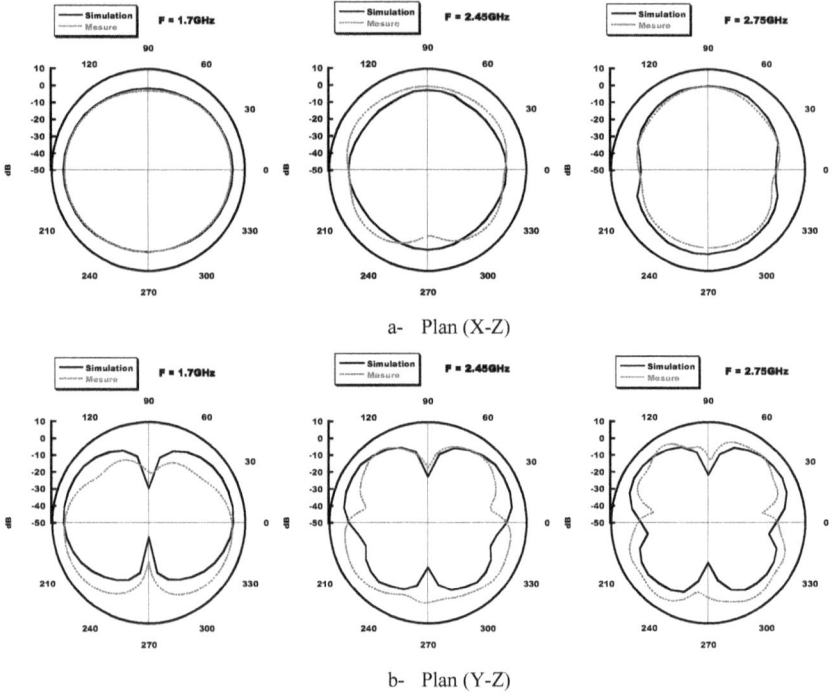

a- Plan (X-Z)

b- Plan (Y-Z)

Figure III. 49- Diagramme de rayonnement pour les fréquences 1.7GHz, 2.45GHz et 2.75GHz

On remarque qu'il y a une certaine correspondance entre les résultats de mesures et de simulations. Les diagrammes exhibés par l'antenne réalisée sont omnidirectionnels, et stables dans sa bande d'opération. La valeur maximale du gain mesuré est obtenue essentiellement pour la fréquence $f_1 = 2.75$GHz ($G_{mesuré} = 3.03$dB$_i$ dans le plan (Y-Z)).

IV.3.4. Conclusion

De cette étude, on peut dégager les points principaux suivants :

- ✓ En termes d'adaptation, la structure en forme de Cloche présente des caractéristiques plus stables sur toute la bande utile.
- ✓ En termes de caractéristiques de rayonnement, cette structure a les mêmes caractéristiques de rayonnement que le monopole classique (diagramme de rayonnement omnidirectionnel sur toute sa bande de fonctionnement).

✓ La taille globale de la structure est identique à la structure initiale (Patch carré), mais avec des performances plus adéquats.

IV.4. Conclusion sur l'étude

Dans cette partie, nous avons présenté des structures optimisées afin d'inclure le maximum de bande ISM et WMTS avec des tailles relativement réduites et des caractéristiques radioélectriques performantes. Cependant, le décalage excessif entre les valeurs simulées et mesurées du coefficient de réflexion surtout au niveau de la limite inférieure de la bande d'opération reste sans doute le souci majeur. En effet ceci limite l'apport de ces structures surtout du côté rapport dimensions et fréquences d'opérations (éventuellement la fréquence basse) malgré le bon conditionnement des simulations.

En fait, nous avons procéder aux manœuvres suivantes : l'augmentation de la taille de la boite de radiation selon les trois axes (extension de $\dfrac{\lambda_0}{2}$ de chaque direction où λ_0 étant calculées par rapport à la fréquence inférieure des balayements lors des simulations, dans notre cas $f_{\text{inférieure}}$ = 300MHz), la vérification des dimensions des ports d'alimentation fournies par l'outil HFSS, l'amélioration des conditions de convergence lors du maillage ainsi que la diminution du ″pas″ fréquentiel de balayage a augmenté d'avantage le temps pour finaliser les simulations.

D'autres tentatives ont été menées afin de compenser le décalage obtenus tel que la modification des paramètres du substrat FR4 disponibles par défaut dans la librairie de HFSS en augmentant les pertes et la valeur de la permittivité ε_r dans le modèle ainsi que les pertes dans les conducteurs (au niveau du Patch et de son plan de masse).

D'un autre côté, nous nous sommes intéressés en plus à la diminution de la limite inférieure de la bande obtenue afin d'intercaler la fréquence 433 MHz et ceci en employant les structures fractales ou en ajoutant des fentes parasites sur ces structures afin d'insérer des fréquences parasites, mais sans aboutir à des résultats remarquables ; ce qui nous a obligé dans la suite de notre travail de modifier les dimensions des structures présentées pour inclure la fréquence 433MHz avec des tailles réduites par rapport à la longueur d'onde (λ_0 / 2).

V. Conception des antennes ULB dans la bande 400MHz-4.5GHz

V.1. Optimisation de la structure à ligne micro-ruban

V.1.1. Dimensionnement de l'antenne

La géométrie de l'antenne est identique à celle présentée par la figure (III.32). La procédure d'optimisation concernait la taille de l'élément rayonnant ainsi que la largeur du plan de masse comme illustré par la figure (III.50).

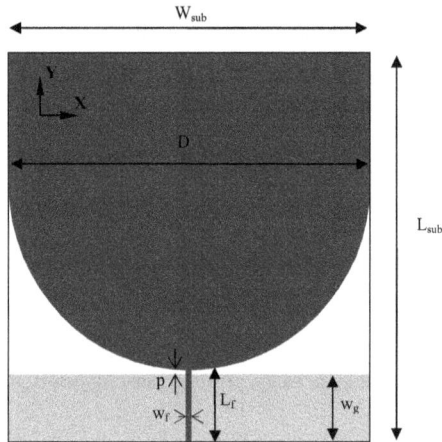

Figure III. 50- Géométrie de la structure optimisée

Le tableau (III.7) regroupe les paramètres de la structure optimisée.

Tableau III. 7- Dimensions de la structure optimisée

Paramètres	Valeurs (mm)
W_{sub}	140
L_{sub}	147
D	70
p	1
w_g	26
L_f	27
w_f	2.1

La figure (III.51) montre une comparaison de la réponse de la structure simulée par deux outils performants : HFSS et CST et employant deux méthodes différentes pour la modélisation électromagnétique.

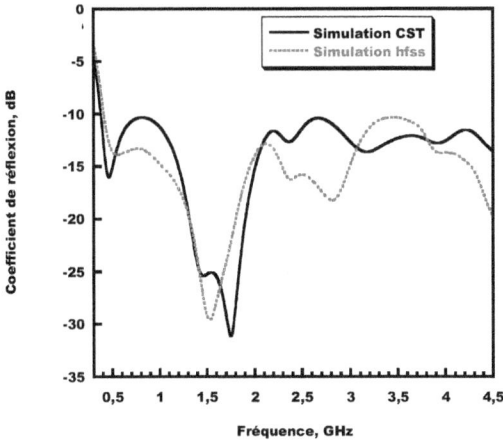

Figure III. 51- Evolution du coefficient de réflexion S_{11}

Les résultats obtenus et représentés sur cette figure montrent le rapprochement entre les différentes allures ce qui confirme le modèle de simulation utilisé dans HFSS. Les bandes de fréquences obtenues par HFSS et CST s'étendent respectivement de 0.42 à 4.5GHz (BW = 4.08GHz ; B_p = 165.85%) et de 380MHz à 4.5GHz (BW = 4.12GHz ; B_p = 168.85 %).

V.1.2. Etude de la répartition des courants surfaciques

Afin de vérifier la stabilité de la structure dans sa bande d'opération, la densité de courant surfacique J_s à la surface de l'élément rayonnant a été aussi relevée à la même puissance et phase pour les quatre fréquences f_1 = 450MHz, f_2 = 850MHz, f_3 = 1.7GHz et f_4 = 2.45GHz comme illustré à la figure (III-52).

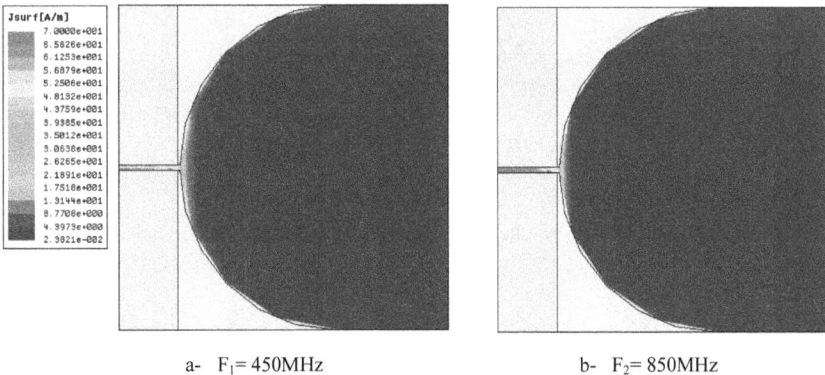

a- F_1= 450MHz   b- F_2= 850MHz

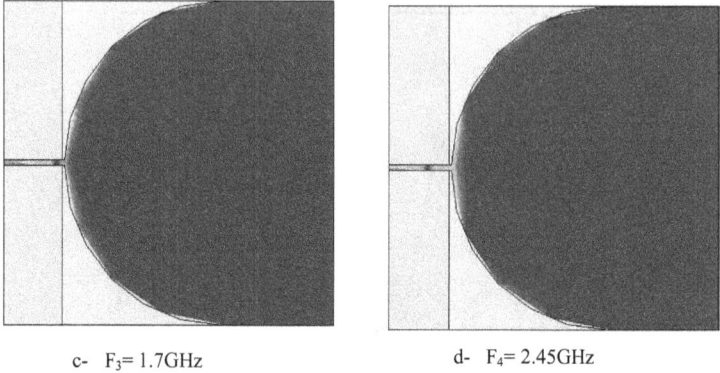

c- F_3= 1.7GHz   d- F_4= 2.45GHz

Figure III. 52- Répartition de la densité de courant surfacique J_s

D'après cette figure, aucun effet significatif n'a été remarqué sur la répartition de la densité J_s qui reste essentiellement concentré sur la ligne micro-ruban.

V.1.3. Validation expérimentale

La photo du prototype réalisé est illustrée à la figure (III.53).

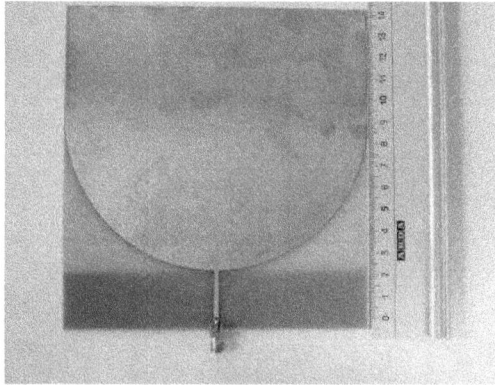

Figure III. 53- Photo de l'antenne réalisée

La figure (III.54) regroupe les résultats de mesure et de simulation du coefficient de réflexion S_{11}.

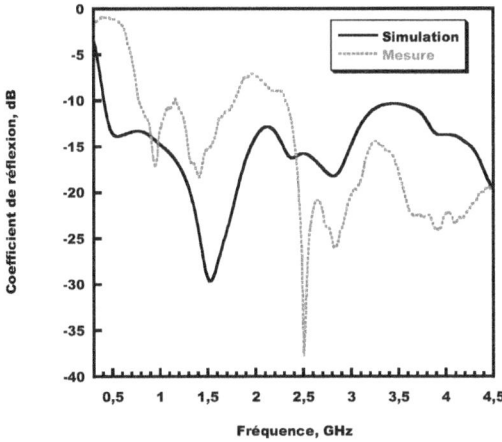

Figure III. 54- Evolution du coefficient de réflexion S_{11} simulé et mesuré

D'après cette figure, nous remarquons que le décalage entre les mesures et les simulations est encore maintenu surtout au niveau de la limite inférieure malgré la vérification du modèle de simulation par les deux outils HFSS et CST. Les bandes de fréquences mesurées s'étendent respectivement de 0.825 à 1.77GHz (BW = 945MHz ; B_p = 72.84 %) et de 2.316 à 4.5GHz (BW = 2.184GHz ; B_p = 64.08 %) donc avec un décalage de l'ordre de 405MHz par rapport à la valeur de $S_{11} \leq$ -10dB du côté de la limite inférieure de la bande.

Les diagrammes de rayonnement simulés et mesurés, respectivement dans le plan E (plan X-Z) et le plan H (plan Y-Z), sont représentés dans la figure (III.55) pour les fréquences 860MHz et 2.45GHz.

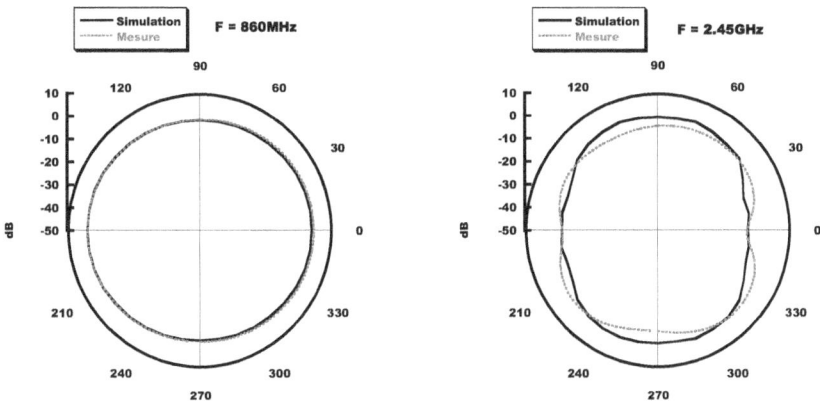

a- Plan (X-Z)

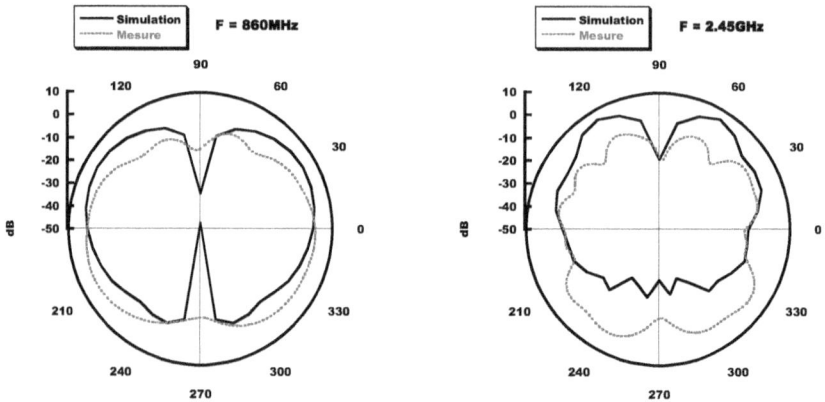

b- Plan (Y-Z)

Figure III. 55- Diagramme de rayonnement pour les fréquences 860MHz et 2.45GHz

Les diagrammes exhibés par l'antenne réalisée sont omnidirectionnels dans sa bande d'opération dans le plan (X-Z) alors que le gain s'annule dans le plan (Y-Z) dans la direction $\theta = 90°$. La valeur maximale du gain mesuré est obtenue essentiellement pour la fréquence $f_1 = 860MHz$ ($G_{mesuré} = 2.53dB_i$ dans le plan (Y-Z)).

V.1.4. Conclusion

A la fin de cette étude, on peut prélever les points principaux suivants :

- ✓ Les caractéristiques d'adaptation relatives à cette structure, sont instables sur toute la bande utile.
- ✓ La limite inférieure de la bande d'opération a été optimisée ; elle s'étend vers la fréquence 420MHz. Le décalage entre les mesures et les simulations est de l'ordre de 405MHz.
- ✓ L'antenne présente des diagrammes de rayonnement identiques aux structures précédentes, avec quelques fluctuations du gain dans le plan (Y-Z).
- ✓ La taille globale de la structure rapportée à la longueur d'onde, est optimisée.

V.2. Optimisation de la structure à ligne coplanaire CPW

V.2.1. Dimensionnement de l'antenne

La géométrie de l'antenne est identique à celle présentée par la figure (III.38). La procédure d'optimisation concernait la taille de l'élément rayonnant ainsi que la largeur du plan de masse (figure III.56).

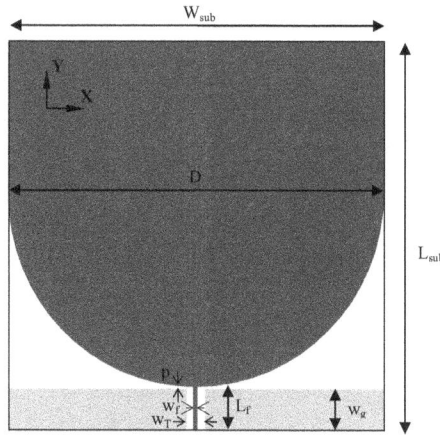

Figure III. 56- Géométrie de la structure optimisée

Ainsi, les paramètres de la structure sont regroupés dans le tableau (III.8).

Tableau III. 8- Dimensions de la structure optimisée

Paramètres	Valeurs (mm)
W_{sub}	140
L_{sub}	141
D	70
p	1
w_g	15
L_f	16
w_f	1.5
w_T	2

La figure (III.57) montre une comparaison de la réponse de la structure simulée par rapport à la structure à ligne d'alimentation micro-ruban.

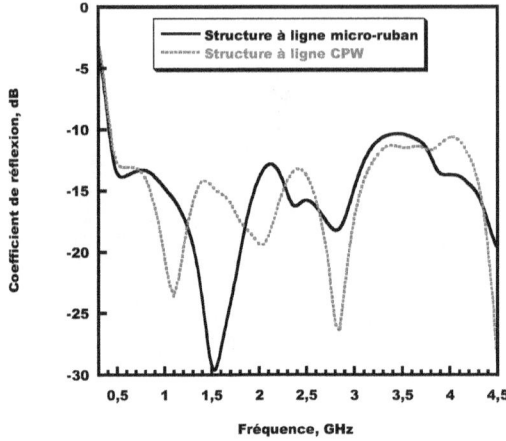

Figure III. 57- Evolution du coefficient de réflexion S_{11}

Les résultats obtenus et représentés sur cette figure montrent le rapprochement entre les différentes allures mais avec des changements sur les pics de fréquences relatives aux valeurs maximales de S_{11}. La bande de fréquence obtenue est presque identique à celle obtenue pour la structure à ligne micro-ruban, elle s'étend de 0.45 à 4.5GHz (BW = 4.05GHz ; B_p = 163.64%).

V.2.2. Etude de la répartition des courants surfaciques

La densité de courant surfacique J_s à la surface de l'élément rayonnant est illustrée à la figure (III.58).

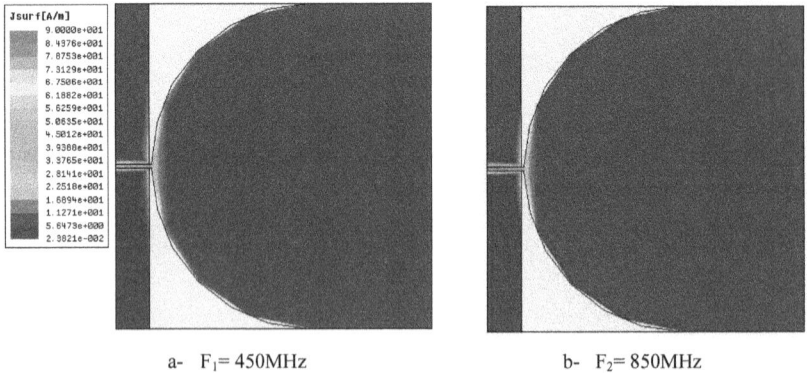

a- F_1= 450MHz   b- F_2= 850MHz

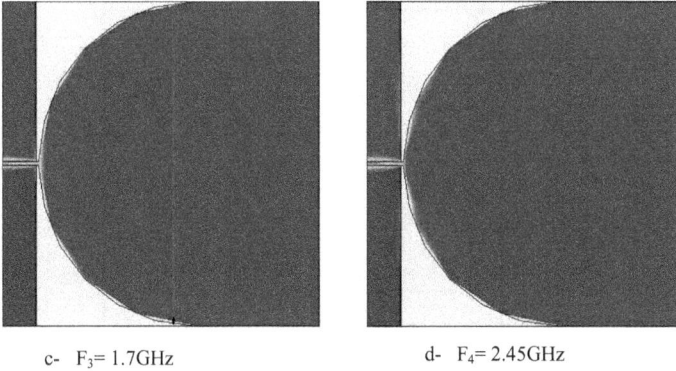

| c- F_3= 1.7GHz | d- F_4= 2.45GHz |

Figure III. 58- Répartition de la densité de courant surfacique J_s

De la même façon, aucun effet significatif n'a été remarqué sur la répartition de la densité J_s où les résultats sont similaires à ceux obtenus pour les structures précédentes.

V.2.3. Validation expérimentale

La structure étudiée a été aussi comme illustré à la figure (III.59).

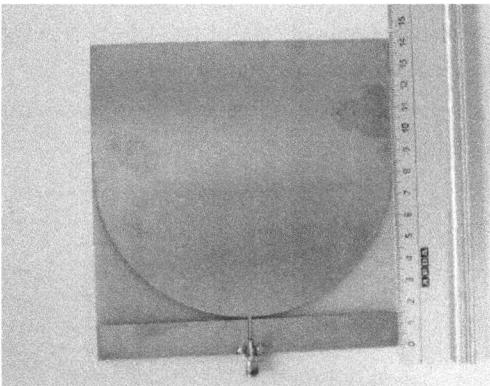

Figure III. 59- Photo de l'antenne réalisée

La figure (III.60) montre l'évolution du coefficient de réflexion à l'entrée de l'antenne mesuré avec le même analyseur de réseau vectoriel et simulé par l'outil HFSS.

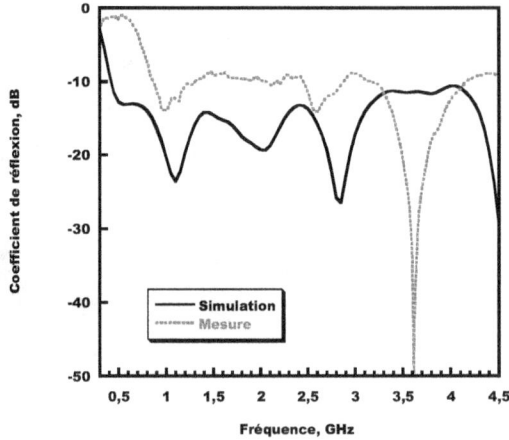

Figure III. 60- Evolution du coefficient de réflexion S_{11} simulé et mesuré

Ces résultats montrent que le décalage entre les simulations et les mesures est encore maintenu du côté de la limite inférieure de la bande d'opération.

Les bandes de fréquences mesurées relativement à la valeur $S_{11} \leq -10dB$ s'étendent respectivement de 0.867 à 1.28GHz (BW = 413MHz ; B_P = 38.47%) et de 2.064 à 2.862GHz (BW = 798MHz ; B_p = 32.4%) et de 3.198 à 4.143GHz (BW = 945MHz ; B_p = 25.75%) ; ce qui correspond à un décalage de l'ordre de 417MHz par rapport à la valeur de $S_{11} \leq -10$ dB du côté de la limite inférieure de la bande.

Les diagrammes de rayonnement simulés et mesurés sont regroupés dans la figure (III.61) pour les fréquences 860MHz et 2.45GHz.

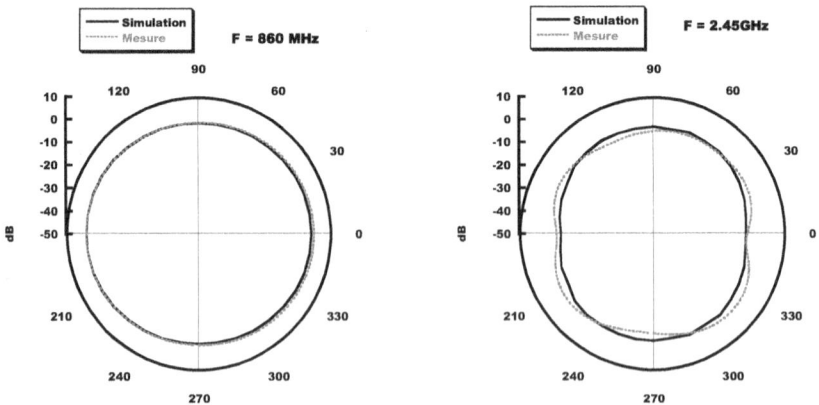

a- Plan (X-Z)

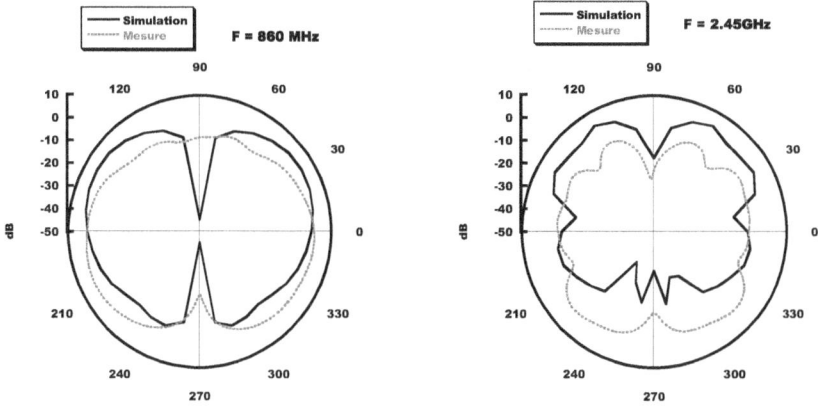

b- Plan (Y-Z)

Figure III. 61- Diagramme de rayonnement pour les fréquences 860MHz et 2.45GHz

On remarque qu'il y a une corrélation entre les résultats de mesures et de simulations. Les diagrammes exhibés par l'antenne réalisée sont omnidirectionnels dans sa bande d'opération dans le plan (X-Z) alors que le gain s'annule dans le plan (Y-Z) dans la direction $\theta = 90°$. La valeur maximale du gain mesuré est obtenue essentiellement pour la fréquence $f_1 = 860$MHz ($G_{mesuré} = 2.52$dB$_i$ dans le plan (Y-Z)).

V.2.4. Conclusion

Les résultats obtenus pour la structure à ligne micro-ruban et à ligne coplanaire, sont presque identiques. Cependant, les caractéristiques d'adaptation, obtenus dans cette étude, sont plus stables. Ceci est vrai, malgré les petites fluctuations autour de -10dB du coefficient S_{11}. Le décalage observé entre les mesures et les simulations est de 417MHz.

V.3. Optimisation de la structure Cloche

V.3.1. Dimensionnement de l'antenne

La géométrie de l'antenne est identique à celle présentée par la figure (III.44). La procédure d'optimisation concernait aussi la taille de l'élément rayonnant ainsi que la largeur du plan de masse comme illustré à la figure (III.62).

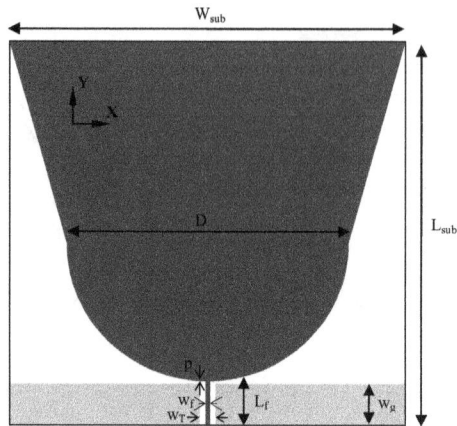

Figure III. 62- Géométrie de la structure cloche optimisée

Le tableau (III.9) rassemble les paramètres de la structure proposée.

Tableau III. 9- Dimensions de la structure cloche optimisée

Paramètres	Valeurs (mm)
W_{sub}	140
L_{sub}	132
D	50
p	1
w_g	15
L_f	16
w_f	1.5
w_T	2

La figure (III.63) montre une comparaison de la réponse de la structure simulée par rapport à celles des deux structures présentées dans les paragraphes précédents (à ligne micro-ruban et coplanaire CPW).

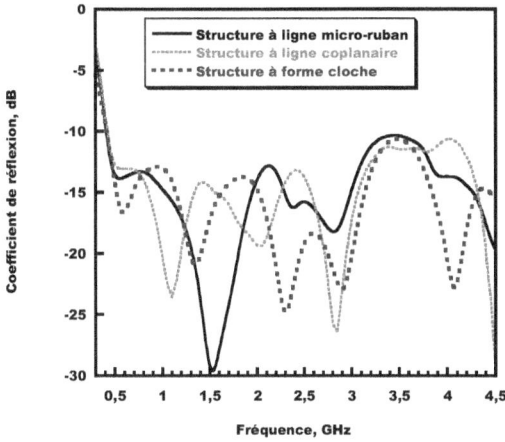

Figure III. 63- Evolution du coefficient de réflexion S_{11}

Ces résultats montrent que ces trois structures sont équivalentes en termes d'adaptation, mais avec des changements aux niveaux des pics de fréquences. La bande de fréquence obtenue est identique à celle obtenue pour la structure à ligne micro-ruban, elle s'étend de 0.42 à 4.5GHz (BW = 4.08GHz ; B_p = 165.85%).

V.3.2. Etude de la répartition des courants surfaciques

La densité de courant surfacique J_s a été relevée aussi pour les quatre fréquences f_1 = 450MHz, f_2 = 850MHz, f_3 = 1.7GHz et f_4 = 2.45GHz comme montré à la figure (III.64).

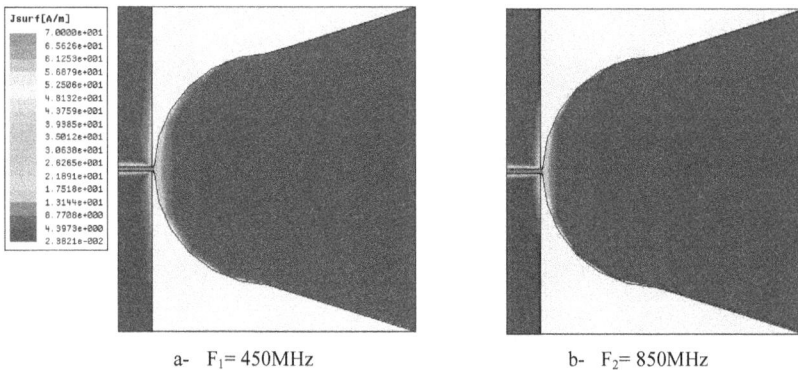

a- F_1= 450MHz   b- F_2= 850MHz

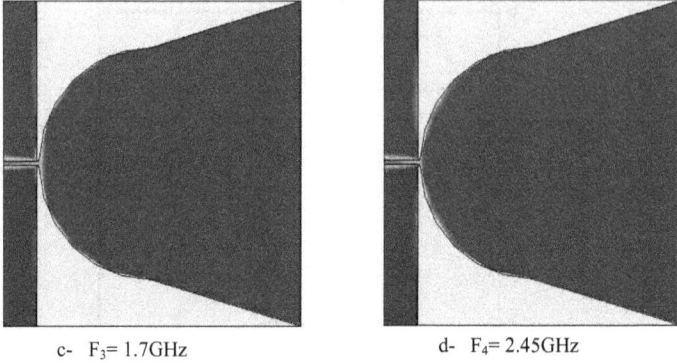

c- F_3= 1.7GHz   d- F_4= 2.45GHz

Figure III. 64- Répartition de la densité de courant surfacique J_s

V.3.3. Validation expérimentale

La figure (III.65) montre la photo du prototype réalisée sur le célèbre substrat FR4 époxy glass (h = 1.6mm).

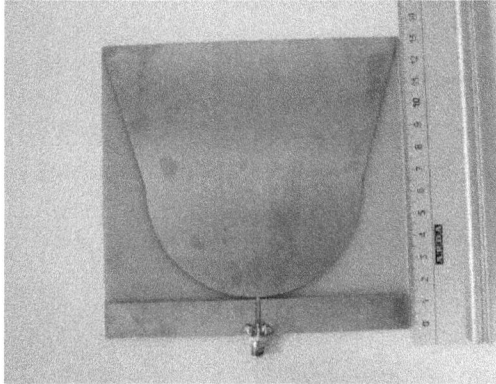

Figure III. 65- Photo de l'antenne réalisée

Ainsi, l'évolution du coefficient de réflexion à l'entrée de l'antenne mesuré avec le même analyseur de réseau vectoriel et simulé par l'outil HFSS est illustrée à la figure (III.66).

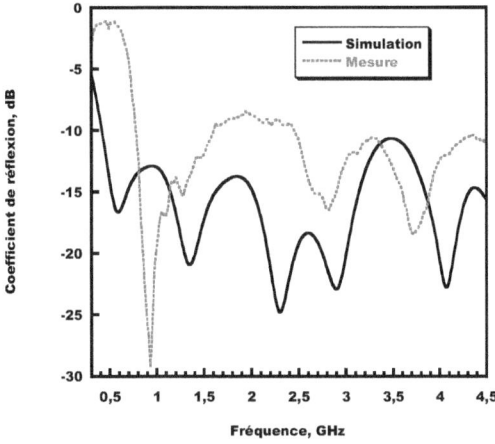

Figure III. 66- Evolution du coefficient de réflexion S_{11} simulé et mesuré

Le même problème perpétue encore du côté limite inférieure de la bande avec un décalage de l'ordre de 363MHz.

Les bandes de fréquences mesurées relativement à la valeur $S_{11} \leq$-10dB s'étendent respectivement de 0.78 à 1.6 GHz (BW = 820MHz ; B_p = 68.9 %) et de 2.46 à 4.5GHz (BW = 2.04GHz ; B_p = 58.62 %).

Les diagrammes de rayonnement simulés et mesurés sont regroupés dans la figure (III.67) pour les fréquences 860MHz et 2.45GHz.

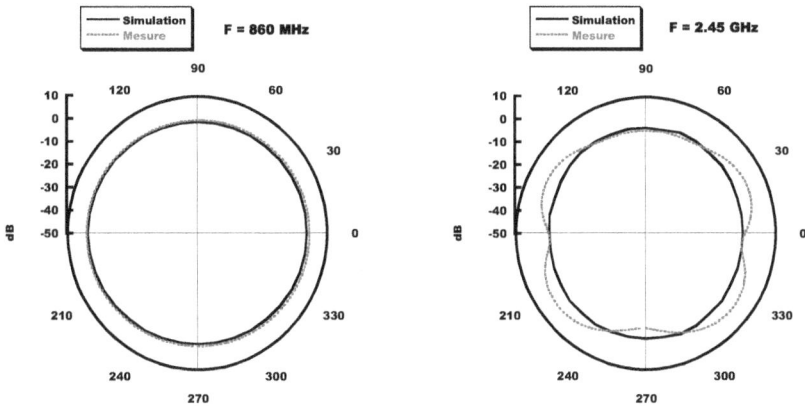

a-   Plan (X-Z)

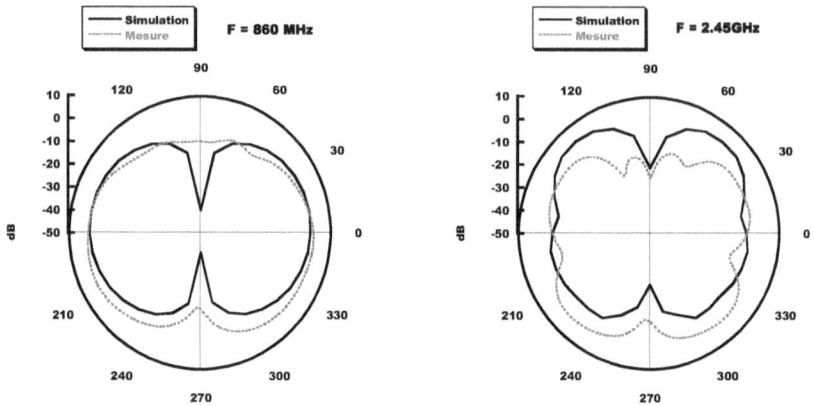

b- Plan (Y-Z)

Figure III. 67- Diagramme de rayonnement pour les fréquences 860MHz et 2.45GHz

Ces résultats montrent qu'il y a une coïncidence entre les mesures et les simulations. Les diagrammes exhibés par l'antenne réalisée sont omnidirectionnels dans sa bande d'opération dans le plan (X-Z) alors que le gain s'annule dans le plan (Y-Z) dans la direction $\theta = 90°$. La valeur maximale du gain mesuré est obtenue essentiellement pour la fréquence $f_1 = 860$ MHz ($G_{mesuré} = 2.01$ dB$_i$ dans le plan (Y-Z)).

V.3.4. Conclusion

A la fin de cette étude, les principaux points dégagés sont :

- ✓ Une légère réduction du décalage entre les mesures et les simulations. Il est de l'ordre de 363MHz.
- ✓ Un bon compris entre la taille globale de la structure et les performances obtenues.
- ✓ Les caractéristiques d'adaptation relatives à cette structure, sont presque stables sur toute la bande utile.
- ✓ Les diagrammes de rayonnement de cette structure sont presque omnidirectionnels sur toute sa bande de fonctionnement, essentiellement dans le plan (X-Z).
- ✓ La structure en forme de cloche, présentée dans ce paragraphe, peut être plus intéressante pour les applications opérantes dans le domaine de fréquences, allants de 0.42 à 4.5GHz.

VI. Interprétation du décalage

Le décalage entre les résultats de mesures et de simulations reste sans doute le souci majeur limitant les contributions obtenues par ces structures surtout du côté basse fréquences. Ce décalage peut être accordé aux imperfections lors de la réalisation de ces structures, de la grande permittivité du substrat utilisé ou de sa hauteur h, de la nature du conducteur, du décalage sur les dimensions réalisés aboutissant à certaines tolérances ou enfin aux conditions de mesures. Mais ce qui attire l'attention, c'est que ce décalage persiste uniquement aux niveaux de la limité inférieure donc pour les basses fréquences et il est presque constant pour les différentes structures. Cependant, malgré les nouvelles tentatives des simulations et les modifications apportées au modèle initial tel que le changement des caractéristiques du substrat utilisée (FR4 époxy glass), le changement de la hauteur h, l'augmentation de la boite modélisant le rayonnement, le redimensionnement des deux types de ports d'excitation ("Lumped port" ou "Wave port") et les changement du balayage fréquentiel ainsi que l'amélioration des conditions de convergences, nous n'ont pas aboutis à s'approcher des résultats de mesures pour identifier la source de problème.

Malgré cela, en inspectant la réponse de chaque structure côté basse fréquence, nous remarquons qu'il y a un certain élément (connecteur SMA) que nous avons négligé lors des simulations et qui joue le rôle d'un filtre (éventuellement possédant une inductance ou une capacité) modifiant ainsi la réponse réelle de chaque structure.

Cette hypothèse a été confirmée en étudiant les caractéristiques du connecteur SMA assurant l'alimentation de l'antenne par l'énergie radioélectrique et publiées dans les travaux de [53-56]. Dans la suite, en se référant à la fiche technique du connecteur employé, nous avons essayé de le dessiner sous HFSS comme illustré à la figure (III.68) en s'inspirant du modèle pratique réalisé.

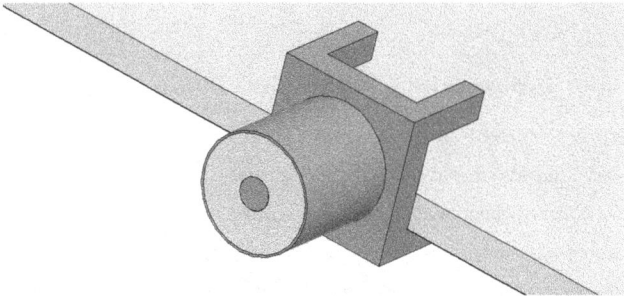

Figure III. 68- Dessin du connecteur SMA sous HFSS

Ainsi, nous avons appliqués ce modèle sur quelques structures afin d'inspecter la réponse de chacune permettant ainsi de vérifier l'effet du connecteur SMA sur la réponse de chaque structure. Les résultats obtenus sont illustrés par la figure (III.69).

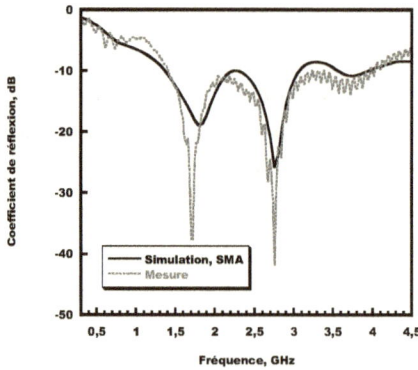

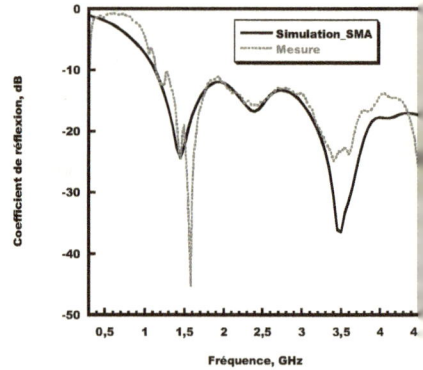

a-   Patch carré   b-   Structure à ligne micro-ruban, R = 30mm

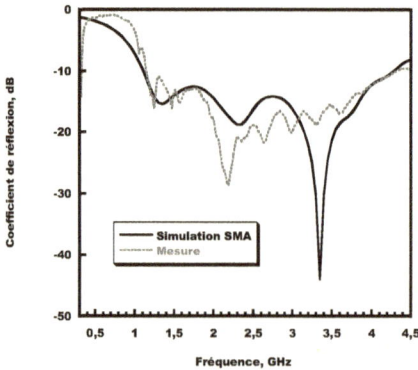

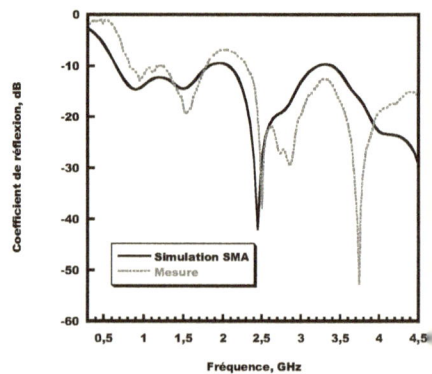

c-   Structure à ligne coplanaire, R = 30mm   d-   Structure à ligne micro-ruban, R = 70mm

Figure III. 69- Evolution du coefficient de réflexion S_{11} simulé (SMA) et mesuré

Ainsi, ces résultats montrent la coïncidence entre les simulations et les mesures des structures étudiées, à l'exception des résultats obtenus à la figure (IV.69-d) où le décalage observé est de 125MHz. D'où l'identification de la source de problème qui réside finalement dans la transition entre le connecteur SMA et la ligne d'alimentation micro-onde ou coplanaire excitant l'élément rayonnant. Il est à signaler que le modèle dessiné sous HFSS ne représente

---

pas parfaitement le connecteur vu qu'il reste encore d'autres paramètres négligés comme par exemple les filetages.

VII. Conclusion

Dans ce chapitre, nous nous sommes intéressés à l'étude et à la réalisation des antennes plaquées à larges bandes de fréquences qui seront employées en réception dans les différents points d'accès du système de bio-télémétrie que nous souhaitons réaliser.

En effet, dans une première partie, nous avons présenté les caractéristiques de base des antennes imprimées sur les substrats diélectriques permettant un pré-dimensionnement des structures étudiées. Ensuite, la structure à élément rayonnant carré a été optimisée afin d'élargir sa bande de fréquence. Aux cours de cette étude, nous avons montré que la forme et les dimensions du plan de masse ainsi que la technique d'alimentation influent énormément sur la réponse de la structure.

Dans une deuxième partie, la forme de l'élément rayonnant alimenté par une ligne micro-ruban et par une ligne coplanaire a été étudiée et optimisée par l'outil HFSS aboutissant à trois structures à larges bandes de fréquences opérant de 700MHz à 4.5GHz et incluant la majorité des bandes ISM et WMTS.

Enfin, ces structures ont été redimensionnées afin d'inclure la fréquence 433MHz et les meilleures résultats ont été obtenus avec la structure à forme en Cloche où la bande de fréquence s'étend de 0.42 à 4.5GHz (BW = 4.08GHz ; B_p = 165.85%).

En plus, ces structures offrent l'avantage d'être flexibles et pouvant être facilement adaptées à d'autres applications vu la simplicité du concept et leur faible coût de fabrication.

Cependant, le décalage pertinent entre les simulations et les mesures reste sans doute l'inconvénient majeur de ces antennes limitant leur contribution surtout du côté basses fréquences. Ce décalage est dû essentiellement à cause de la transition entre le connecteur SMA et la ligne d'alimentation.

Mais bien que certains points restent à améliorer, les résultats de mesures obtenus sont satisfaisants surtout avec les valeurs acceptables du gain obtenu pour les différentes structures présentées.

Bibliographie du Chapitre III

[1]   V. G. Deschamps, "Microstrip Microwave Antennas", 3rd *USAF Symposium on Antennas*, 1953.

[2]   V. G. Deschamps, "Theoretical Aspects of Microstrip Waveguides", *Transactions of the IRE Professional Group on Microwave Theory and Techniques*, Volume 2, No. 1, pp. 100 – 102, April 1954.

[3]   D. D. Greig and H. F. Engleman, "Microstrip - a new transmission technique for the kilomegacycle range", *Proceeding IRE*, Vol. 40, No. 12, pp. 1644-1650, December 1952.

[4]   L. Lewin, "Radiation From Discontinuities In Strip-line", *Proceeding IEE*, Vol. 107, No. 12, pp. 163-170, September 1960.

[5]   J. Q. Howell, "Microstrip antenna" *IEEE Transaction on Antennas and Propagation*, pp. 90-93, January 1975.

[6]   R. Munson,   R. Joy, "Microstrip antenna technology at ball aerospace systems, Boulder, Colorado", *IEEE Antennas and Propagation Society Newsletter*, Vol. 21, No. 3, pp. 4-6, June 1979.

[7]   C. A. Balanis, "*Antenna theory analysis and design*", John Wiley & Sons, Inc, second edition, 1997.

[8]   P. F. Combes, "*Micro-ondes, part.2, Circuits passifs propagation antennes*", Dunod, Paris, 1997.

[9]   R. J. Mailloux, J. Mc-Ilvenna, N. Kernweis, "Microstrip array technology", *IEEE Transaction on Antenna and propagation*, Vol. AP-29, No. 1,   pp 25-38, January 1981.

[10]   A. K. Skrivervik, J. F. Zürcher, O. Staub, J. R. Mosig, "PCS Antenna Design: The challenge of miniaturisation", *IEEE Antennas and propagation magazine*, Vol. 43, No. 4, pp 12-27, August 2001.

[11]   D. R. Jackson, N. G. Alexopoulos, "Microstrip Dipoles on Electrically Thick Substrates", *Journal of Infrared and Millimeter Waves*, Vol. 7, No. 1, pp. 1-26, January 1986.

[12]   D. R. Jackson, N. G. Alexopoulos, "Gain Enhancement Methods for Printed Circuit Antennas", *IEEE Transaction on Antennas and Propagation*, Vol. 33, pp. 976-987, September 1985.

[13]   H.G. Oltman, D.A. Huebner, "Electromagnetically coupled microstrip dipole", *IEEE Transaction on Antennas and Propagation*, Vol. AP-29, pp. 151-157, January 1981.

[14]   K. R. Carver, J. W. Mink, "Microstrip antenna technologiy", *IEEE transactions on antennas and propagation*, Vol. AP-29, No. 1, pp. 2-24, January 1981.

[15]   M. V. Schneider, "Microstrip Lines for Microwave Integrated Circuits", *Bell System Technical Journal*, pp. 1422-1444, May-June 1969.

[16]   E.O. Hammerstad, "Equations for Microstrip Circuit Design", *Proceedings of 5th European Microwave Conference*, Hamburg, Germany, pp 268-72, September 1975.

[17]   G. P. Gauthier, A. Courtay, G. M. Rebeiz, "Microstrip antennas on synthesized low dielectric_constant substrates", *IEEE Transactions on antennas and propagation*, Vol. 45, No. 8, pp. 1310-1314, August 1997.

[18]   D. R. Jackson, P. Manghnani, "Analysis and Design of a Linear Array of Electromagnetically Coupled Microstrip Patches", *IEEE Transaction on Antennas and Propagation*, Vol. 38, pp. 754-759, May 1990.

[19]   L. Freytag, "Conception, réalisation et caractérisation d'antennes pour stations de base des réseaux de télécommunication sans fil", Thèse de doctorat, Université de Limoges, Novembre 2004.

[20] D. R. Jackson, W.F. Richards, A. Ali-Khan, "Series expansions for the mutual coupling in microstrip patcharraysl", *IEEE Transaction on Antennas and Propagation*, Vol. 37, No. 3, pp. 269-274, Mars 1989.

[21] H. Rmili, "Étude, réalisation et caractérisation d'une antenne plaquée en plyaniline fonctionnant à 10 GHz", Thèse de doctorat, Université Bordeaux I, Novembre 2004.

[22] R. J-M. Cramer, M. Z. Win, R. A. Scholtz, "Impulse Radio multipath characteristics and diversity reception", *Proceedings of the 1998 IEEE International conference on communications (ICC 98)*, Atlanta, USA.

[23] M. K. Rahim, P. Gardner, "The design of nine element quasi microstrip log-periodic antenna", *RF and Microwave Conference*, pp. 132 – 135, Malaysia, 2004.

[24] M. K. Rahim, P. Gardner, "Active Microstrip Log Periodic Antenna", *RF and Microwave Conference*, pp. 136 – 139, Malaysia, 2004.

[25] H. Rmili, J. M. Floch , "Design and analysis of wideband double-sided printed spiral dipole antenna with capacitive coupling", *Microwave and Optical Technology Letters*, vol 50, No.5, pp. 1312-1317, May 2008.

[26] R. Eshtiaghi, R. Zaker, J. Nouronia, C. Ghobadi, "UWB semi elliptical printed monopole antenna with subband rejection filter", *International Journal AEU of Electronics and Communications*, pp. 133-141, ELSEVIER, 2010.

[27] Y. J. Cho, K. H. Choi, S. S. Lee, S.-O. Park, "A miniature UWB planar monopole antenna with 5-GHz band-rejection filter and the time domain characteristics", *IEEE Transaction on Antennas and Propagation*, Vol. 54, N°5, pp. 1453 – 1460, May 2006.

[28] Y. X. Guo, K. M. Luk, K. F. Lee, "A Dual Band Patch Antena with Two U Shaped Slots", *Microwave and Optical Technology Letters*, Vol. 26, No. 2, pp. 73-75, June 2000.

[29] A. K. Shackelford, K. F. Lee, K. M. Luk, "Design of small size wide-bandwidth microstrip patch antennas", *IEEE Antennas and Propagation Magazine*, Vol. 45, No. 1, pp. 75-83, February 2003.

[30]   L. Desclose, "Size reduction of planar patch antenna by means of slot insertion", *Microwave and Optical Technology Letters*, Vol. 25, No. 2, pp. 111-113, March 2000.

[31]   R.M. VaniI, S.F. Farida, P.V. Hunagund, "A study on rectangular microstrip antenna with group of slots for compact operation", *Microwave and Optical Technology Letters*, Vol. 40, No. 5, pp. 396-398, March 2004.

[32]   W-S. Chen, C-K. Wu, K6L. Wong, "Novel compact circularly polarized square microstrip antenna", *IEEE Transaction on Antennas and Propagation*, Vol. 49, No. 3, pp. 340 – 342, March 2001.

[33]   T. Luintel, P.F. Wahid, "Modified Sierpinski fractal antenna", *IEEE/ACES International Conference on Wireless Communications and Applied Computational Electromagnetics*, pp. 578 - 581, April 2005.

[34]   P. J. Gianvittorio, Y. Rahmat-Samii, "Fractal antennas: A novel antenna miniaturization technique, and applications", *IEEE Antenna's and Propagation Magazine*, Vol. 44, No. 1, pp. 20 – 36, February 2002.

[35]   S. Tourette, N. Fortino, G. Kossiavas, "Compact UWB printed antennas for low frequency applications matched to different transmission lines", *Microwave and Optical Technology Letters*, Vol. 49, No. 6, pp.1282-1287, June 2006.

[36]   X. Zhang, W. Wu, Z.H. Yan, J. B. Jiang, Y. Song, "Design of CPW-Fed monopole UWB antenna with a novel notched ground", *Microwave and Optical Technology Letters*, Vol. 51, No.1, pp. 88-91, January 2009.

[37]   B. Tian, C. Feng, M. Deng , "Planar miniature elliptical monopole antenna for ultra wideband radios", *International Conference on Microwave and Millimeter Wave Technology (ICMMT 2008)*, pp. 1240 - 1242, April 2008.

[38]   B. R. S. Kshetrimayum, R. Pillalamarri, "Novel UWB printed monopole antenna with triangular tapered feed lines", *IEICE Electronics express*, Vol. 5, No. 8, pp. 242-247, April 2008.

[39]   K. L. Wong, C. H. Wu, S.-W. Su, "Ultrawide-band square planar metal-shape monopole antenna with a trident-shaped feeding strip", *IEEE Transaction on Antennas and Propagation*, Vol. 53, No. 4, pp. 1262 – 1269, April 2005.

[40]   K. M. A. Mellah, T. A. Denidni, "Ultra Wide band Slot antenna with truncated rectangular Patch", *IET Seminar on Ultra Wideband Systems, Technologies and Applications*, pp. 231–234, London, April 2006.

[41]   D. Tran, F.M. Tanyer-Tigrek, A. Vorobyov, I.E. Lager, L.P. Ligthart, "A novel CPW-fed optimized UWB printed antenna", *Proceeding of the 10th European Conference on Wireless Technology*, Munich GERMANY, pp. 40-43, October 2007.

[42]   T. Yang, W. A. Davis, "Planar half-disk antenna structures for ultra-wideband communications", *IEEE AP-S Symposium and USNC/URSI National Radio Science Meeting*, Vol. 3, pp. 2508-2511, June 2004.

[43]   J. George, M. Deepukumar, C. K. Aanandan, P. Mohanan, K. G. Nair, "New compact microstrip antenna", *Electronics Letters*, Vol. 32, No. 6, pp. 508–509, March 1996.

[44]   R. V. Katineni, U. Balaji, A. Das, "Improvement of Bandwidth in Microstrip Antennas Using Parasitic Patch", *IEEE Antennas and Propagation Society International Symposium*, Vol. 4, pp. 1943-1947, Chicago, July 1992.

[45]   C. K. Wu, K. L. Wong, "Broadband Microstrip Antenna with Directly Coupled and Parasitic Patches", *Microwave and Optical Technology Letters*, Vol. 22, No. 5, pp. 348-349, July 1999.

[46]   Y. X. Guo, K. M. Luk, K. F. Lee, "Dual-band slot-loaded short-circuited patch antenna", *Electronics Letters*, Vol. 36, No. 4, pp. 289-291, February 2000.

[47]   C. W. Chiu, F. L. Lin, "Compact dual-band PIFA with multi-resonators", *Electronics Letters*, Vol. 38, No. 12, pp. 538-540, June 2002.

[48]   D. Qi, B. Li, H. Liu, "Compact triple-band planar inverted-F antenna for mobile handsets", *Microwave and Optical Technology Letters*, Vol. 41, No. 6, pp. 483-486, June 2004.

[49]   C. R. Rowell, R. D. Murch, "A capacitively loaded PIFA for compact mobile telephone handsets", *IEEE Transactions on Antennas and Propagation*, Vol. 45, No. 5, pp. 837-842, May 1997.

[50]   S. Villeger, P. L. Thuc, R. Staraj, G. Kossiavas, "Dual-band planar inverted-F antenna", *Microwave and Optical Technology Letters*, Vol. 38, No. 1, pp. 40-42, July 2003.

[51]   K. P. Ray, Y. Ramga, "Ultrawideband printed elliptical monopole antennas", *IEEE Transactions on Antennas and Propagation*, Vol. 55, No. 4, pp. 1189-1192, April 2007.

[52]   M. S. Karoui, H. Ghariani, M. Samet, M. Ramdani, R. Perdriau, "Bandwidth Enhancement of the Square / Rectangular Patch Antenna for Biotelemetry Applications", *International Journal of Information Systems and Telecommunication Engineering* , Vol. 1, No. 1, pp. 12-18, February 2010.

[53]   V. Sokol, K. Hoffmann, P. Hudec, "On The Perpendicular Coax- Microstrip Transition", http://www.urel.feec.vutbr.cz/ra2007/archive/ra2004/abstracts/111.pdf

[54]   B. J. LaMeres, C. McIntosh, "Off-Chip Coaxial to Microstrip Transition Using MEMs Trench", *13th NASA VLSI Proceedings*, Idaho, USA, June 2007.

[55]   A. C. Scogna, "Signal integrity analysis and physically based circuit extraction of a mounted SMA connector", EMC design and Software, EMC design guide 2008.

[56]   E. M. Gibney, J. Barrett, "Application of a combined methodology for extraction of the electrical model of a lead frame chip-scale package", *Microelectronics Journal*, Vol. 40, pp. 185–192, 2009.

Conclusion générale

Conclusion Générale

Le travail exposé dans le présent mémoire s'inscrit pleinement dans les axes de recherche du Groupe MEEM de l'ENIS. Le domaine d'application envisagé étant médicale, nous avons contribué à la conception et réalisation de quelques antennes plaquées à larges bandes de fréquences, qui seront employées en réception dans les différents points d'accès du système de bio-télémétrie que nous souhaitons réaliser.

Dans une première partie, nous avons donné une vue d'ensemble sur les systèmes de Bio-télémétrie typiques. Ainsi, nous avons présenté les principes et caractéristiques l'électrocardiographie (ECG) et l'électroencéphalographie (EEG). Ensuite, nous avons révélé le schéma synoptique proposé pour notre application tout en décrivant ces différents blocs.

Nous nous sommes focalisés dans la suite sur la conception d'antennes à caractère large-bande, dont les paramètres restent le plus constant possible sur toute la bande utile, et de tailles relativement réduites.

La première étape de notre démarche scientifique a consisté à chercher comment satisfaire les spécifications citées ci-dessus de manière pertinente et efficace. Les antennes log-périodiques ont été initialement considérées pour leur caractère indépendant de la fréquence. Cependant, il a été conclu à la fin du deuxième chapitre de ce mémoire, que ces structures ne disposent généralement pas d'un caractère large-bandes mais se limitent uniquement au caractère multi-bande. Pour ces structures, les différentes fréquences de fonctionnement sont péniblement contrôlables. En plus, la taille relativement énorme de ces structures reste sans doute la limitation principale des antennes Log-périodiques.

Dans la suite, nous nous sommes orientés vers l'étude des antennes Patch micro-ruban ; qui rapprochent la simplicité de fabrication avec des faibles coûts et des bonnes performances radioélectriques. Néanmoins, l'inconvénient majeur de ces structures réside essentiellement dans leur faible bande passante ; qui est généralement de l'ordre de quelques pourcents ; et leur impédance d'entrée qui nécessite une étude particulière. La solution que nous avons adoptée pour remédier à ces obstacles, consiste à modifier conjointement la forme et les dimensions de l'élément rayonnant et du plan de masse. Grâce à cette méthode, nous avons réussi à adoucir les limitations de l'antenne en termes d'encombrement et de bande passante.

A cause de leur conception et leur dimensionnement aisés, les structures large-bande proposées dans cette thèse peuvent êtres avantageusement appliquées à d'autres applications avec d'avantage de bandes garanties.

Cependant, le décalage persistant entre les simulations et les mesures ; dû à la transition entre le connecteur SMA et la ligne d'alimentation ; reste sans doute l'inconvénient majeur de ces antennes limitant leur contribution surtout du côté basses fréquences.

Les travaux menés dans le cadre de cette thèse ouvrent de nombreuses perspectives à savoir :

- ♦ Mener une étude intensive sur l'effet de la transition entre le connecteur SMA et la ligne d'alimentation.
- ♦ Étudier la possibilité de compenser le décalage entre les simulations et les mesures.
- ♦ Optimiser les diagrammes de rayonnement afin de réduire les petites ondulations observées.
- ♦ Chercher de nouvelles méthodes permettant d'élargir la bande passante vers les basses fréquences.
- ♦ Étudier la possibilité de réduire l'encombrement des structures proposées en utilisant les méta-matériaux ou en optant à de nouvelles techniques.
- ♦ Étudier la faisabilité des structures à bandes interdites (Éviter le chevauchement avec les fréquences relatives au GSM).

Annexe

Généralités sur les antennes

I. Introduction

Dans un système de radiocommunication et en particulier un système de biotélémétrie, l'antenne est un composant à part entière qui nécessite une étude particulière.

En effet, les antennes sont des organes de transfert de l'énergie HF entre les appareils radioélectriques et le milieu de propagation. Elles représentent des analogies avec les lignes en ce qui concerne la répartition des courants et des tensions. La différence fondamentale est que:

> ➤ Une ligne doit transporter l'énergie sans la rayonner.
> ➤ Une antenne doit rayonner l'énergie qui lui est fournie.

Le choix de l'antenne se fait en fonction des contraintes de l'application comme par exemple : la bande de fréquence, le gain, le coût de fabrication, l'encombrement, etc..

Pour les fréquences basses, les antennes sont le plus souvent formées par des fils ou des assemblages de fils. Pour les fréquences élevées il est possible d'utiliser comme antenne des projecteurs d'ondes comme les cornets électromagnétiques, etc… [1,2].

En plus, les caractéristiques radioélectriques des antennes doivent être optimisées vu qu'elles influent directement sur les performances de qualité et de portée du système conçu.

Dans ce chapitre, nous donnons une vue d'ensemble sur les propriétés fondamentales des antennes pour décrire par la suite leurs performances. Les paramètres les plus importants sont le diagramme de rayonnement, la directivité, le gain, la largeur de bande ou bande passante, la polarisation, et l'impédance. Tous ces paramètres sont parfaitement symétriques : ils s'appliquent également en émission et en réception.

II. Théorie des antennes

II.1. Système de coordonnées sphériques

Pour étudier les antennes, il est primordial de définir le système de coordonnées à utiliser. Le système naturellement utilisé est celui de coordonnées sphériques. Ce système est défini par le repère mobile orthonormé $\left(M, \vec{u_r}, \vec{u_\theta}, \vec{u_\varphi}\right)$ illustré par la figure (A.1). Le point M' est la projection du point M sur le plan XOY, $\vec{u_r}$ est parallèle au segment OM, $\vec{u_\theta}$ est perpendiculaire à $\vec{u_r}$ dans le plan MOZ et son sens est celui de θ, $\vec{u_\varphi}$ est perpendiculaire à $\vec{u_r}$ dans le plan XOY et son sens est celui de φ [3-5].

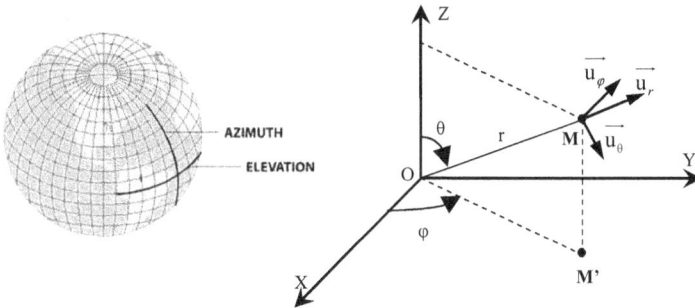

Figure A. 1- Repérage d'un point dans l'espace

θ est souvent appelé angle d'élévation, alors que φ est appelé angle azimuthal. Les coordonnées sphériques sont analogues aux coordonnées du globe : l'angle azimuthal est équivalent à la longitude et l'angle d'élévation qui est le complément de la latitude (souvent référée comme co-latitude) (figure II-1). $\theta = 0$ correspond à 90° nord latitude (pôle nord), alors que $\theta = 90°$ correspond à l'équateur [6]. D'autre part, $\varphi = 0$ correspond à 0° longitude (méridien principal (Greenwich, UK)). Ainsi, les lignes ayant θ constant sont parallèles et les lignes de φ constant sont des méridiens. Les surfaces de θ constant sont des cônes, par conséquent θ est souvent désigné sous le nom de l'angle de cône. L'angle azimutal φ est parfois désigné sous le nom de l'angle d'horloge puisqu'il correspond à la latitude et ainsi à la progression du temps solaire.

II.2. Rayonnement électromagnétique

II.2.1. Production du rayonnement

On sait qu'un courant circulant dans un conducteur crée autour de lui un champ magnétique dont les lignes de forces s'étendent sous forme de cercles dans un plan perpendiculaire au conducteur [7]. Ce champ magnétique sera variable si le courant qui le produit l'est aussi. Si le courant varie à la fréquence f, le champ variera également à la même fréquence f.

Un conducteur placé dans ce champ de telle façon qu'il coupe les lignes de forces sera le siège d'une force électromotrice de fréquence f, qui donnera naissance dans le conducteur à un courant de même fréquence et qui dépend de la résistance du conducteur. Si ce conducteur est très résistant, un isolant par exemple, le courant sera très faible mais la tension existera de la même façon qu'elle existe entre les armatures d'un condensateur, bien que le circuit dans lequel est inséré le condensateur ne siège d'aucun courant. Or on sait qu'entre les armatures d'un condensateur, il existe un champ électrostatique qui dépend de la tension entre les armatures et qui varie avec cette tension. Par conséquent, la tension variable produite par le champ magnétique va créer un champ électrique variable dans l'espace entourant l'antenne lequel va donner naissance à des courants de déplacement, qui, à leur tour, recréeront un champ magnétique. Il y aura donc perpétuel échange entre ces deux champs mais ce changement ne se fait pas instantanément. Aussi le champ magnétique créé par l'antenne va créer un champ électrique avant qu'il ait pu restituer toute son énergie au conducteur qui l'a créé [7].

Théoriquement un champ magnétique ne demande aucune énergie pour son « entretien » mais il exige une énergie pour sa création qu'il restitue lors de sa disparition [7]. Ainsi si l'échange d'énergie était instantané, le courant créant le champ se trouvera reconstitué lors de la disparition du champ par annulation du courant qui l'a produit. Comme il n'en est pas ainsi, une partie de l'énergie qui n'a pas pu regagner à temps le conducteur reste dans l'espace suivie d'une même quantité d'énergie à la période suivante. Ainsi, de proche en proche, l'énergie quittant l'antenne poussant devant elle sa devancière, va propager cette énergie dans l'espace sous formes alternées des deux champs (figure II.2). Cette énergie se propageant dans l'espace sous forme d'ondes électromagnétiques va s'affaiblir au fur et à mesure qu'elle s'éloigne de sa source.

Pour que le phénomène de rayonnement ait lieu, il faut que le courant en chaque point de l'antenne soit variable en fonction du temps. C'est ce qui a lieu dans un régime d'ondes stationnaires. Dans un régime d'ondes progressives, le courant est constant puisque chaque onde est immédiatement remplacée par une autre [3-7]. Un régime d'ondes stationnaires est alors nécessaire au rayonnement, en plus il faut que la longueur du conducteur soit de l'ordre de la longueur d'onde.

II.2.2. Structure de l'onde électromagnétique

Nous avons déjà vu que l'onde électromagnétique (EM) est constituée de la présence des deux champs E et H (figure A.2). Dans le vide, ces deux champs sont orthogonaux et transverses (perpendiculaires à la direction de propagation) [3].

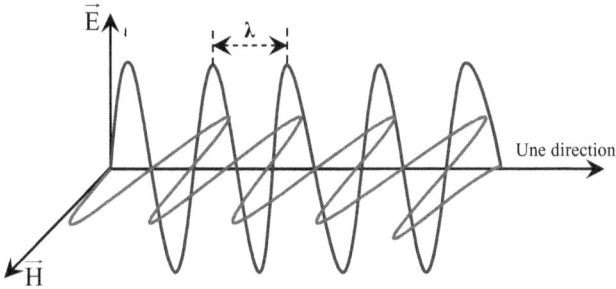

Figure A. 2- Structure de l'onde électromagnétique dans l'espace

Le champ électrique E exprimé en V/m varie de façon sinusoïdale dans le temps (même fréquence que celle de l'émetteur), et compte tenu qu'il se propage à la vitesse $c = 3\ 10^8$ m/s, on retrouve la même longueur d'onde $\lambda = c/f$. Le champ magnétique H est exprimé en A/m. Dans le vide, on a :

$$E = Z_0.H \text{ et } E = c.B \qquad\qquad (A-1)$$

Avec :

- $Z_0 = \sqrt{\dfrac{\mu_0}{\varepsilon_0}} \cong 376.7\Omega$: impédance caractéristique du vide, cette impédance a un peu le même rôle que l'impédance caractéristique d'une ligne.

- $c = \dfrac{1}{\sqrt{\mu_0\ \varepsilon_0}} \cong 3.10^8\ m/s$: la célérité de la lumière dans le vide.

II.2.3. Génération d'onde

Une onde EM se propageant dans l'espace peut être produite :

- par des courants, représentés vectoriellement par une densité de courant J en A/m^2 ; c'est le cas des antennes filaires.

- par une ouverture dans un volume où règne un champ EM, par exemple l'extrémité ouverte d'un guide d'onde ; c'est le principe des antennes paraboliques.

II.2.4. Zones de rayonnement d'une antenne

On distingue pour chaque antenne deux zones de rayonnement (figure A.3) [3] :

- Zone de champ proche (near field) qui est constituée de deux sous zones :
  - ➢ Zone de Rayleigh ou zone de champ proche réactif (Reactive near field).
  - ➢ Zone de Fresnel ou zone de champ proche rayonné (Radiating near field).
- Zone de Fraunhoffer ou zone de champ lointain (Far field).

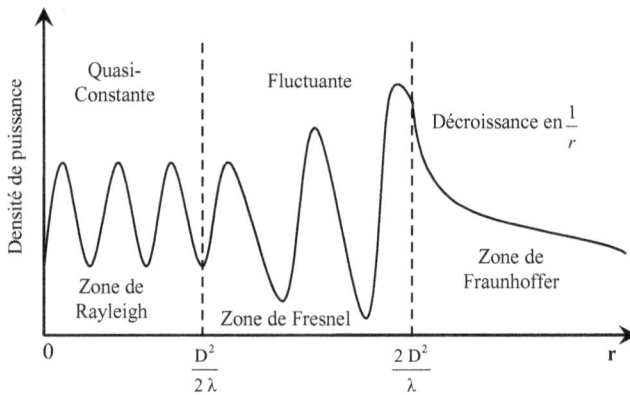

Figure A. 3- Zones de rayonnement d'une antenne

a. Zone de champ proche réactif

Dans la région de champ proche réactif, les composantes non rayonnées du champ dominent. Le terme champ proche réactif résulte du fait que pour une antenne non résonante telle qu'un dipôle (électriquement petit), la puissance réactive circule entre le champ proche réactif et la source ($\overline{E}_r$ et $\overline{E}_\theta$ sont déphasés de 90° avec H_φ et l'énergie oscille à l'intérieur et à l'extérieur de l'antenne comme montré à la figure II.4).

Dans le cas d'une antenne résonante telle qu'un dipôle linéaire à demi onde, la puissance réactive circule dans le champ proche réactif. Dans les deux cas, la puissance réactive est associée aux composantes quasi statiques non propagés du champ qui dominent dans la zone de champ proche réactif [3].

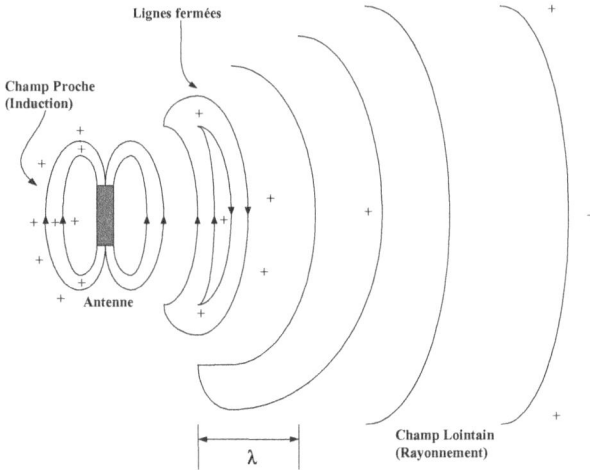

Figure A. 4- Rayonnement d'un dipôle

Au voisinage de l'antenne E et H sont déphasés. On a $E_{radiation} = E_{induction}$ pour $\lambda/r = 2\pi$.

La définition stricte de la norme IEEE de la zone de champ proche réactif est " *c'est la partie de la région de champ proche entourant immédiatement l'antenne, où le champ réactif domine.* " Ainsi, l'énergie dans cette région est principalement électrique ou magnétique. Pour les antennes électriquement petites, le champ proche réactif est prolongé approximativement à une distance de l'antenne de :

$$r \approx \frac{\lambda}{2\pi} \tag{A-2}$$

Naturellement, cette valeur est vague car la frontière du champ proche réactif dépend beaucoup de la forme et des dimensions de l'antenne. Pour les antennes de taille appréciable la frontière de cette région est souvent donnée par [3] :

$$r \prec 0.62\sqrt{\frac{D^3}{\lambda}} \tag{A-3}$$

Où D est la dimension de l'antenne.

Pour un dipôle électrique, le champ électrique domine et l'énergie stockée est principalement électrique. Pour un dipôle magnétique, tel qu'une boucle, le champ magnétique domine. Deux antennes peuvent avoir exactement le même gain maximum et produire exactement les mêmes intensités du champ électrique pour une puissance d'entrée donnée à un point dans le domaine des champs lointains, mais présentent des intensités différentes des champs électrique et magnétique dans le domaine des champs proches réactives.

b. Zone de champ proche rayonné

Dans cette région, le champ rayonné prédomine mais la distribution angulaire du champ dépend de la distance de l'antenne. La définition stricte de la norme IEEE est *" c'est la partie de la région de champ proche entre la région de champ lointain et la partie réactive de la région de champ proche, où la distribution angulaire du champ dépend de la distance de l'antenne"*. Les champs radiaux (non rayonnés) peuvent exister dans cette région. Si l'antenne est grande comparée à la longueur d'onde λ, la frontière extrême de cette région est donnée par [3] :

$$r \approx \frac{2\,D^2}{\lambda} \tag{A-4}$$

La plupart des antennes qui sont électriquement courtes ne montrent pas la région de champ proche rayonné car il y a un passage direct de la région de champ proche réactif vers la région de champ lointain. Il est à noter que pour une antenne suffisamment petite il est possible que:

$$\frac{\lambda}{2\,\pi} \succ \frac{2\,D^2}{\lambda} \text{ et } \frac{\lambda}{2\,\pi} \succ 0.62\sqrt{\frac{D^3}{\lambda}} \tag{A-5}$$

c. Zone des champs lointains

La région des champs lointains est la région qui est suffisamment loin de l'antenne telle que seulement les champs rayonnés sont significatifs (on a : $r \succ \lambda$). La définition stricte de la norme IEEE est *" c'est la région du champ d'une antenne où la distribution angulaire du champ est essentiellement indépendante de la distance d'un point indiqué dans la région d'antenne."* La région des champs lointains se nomme parfois la région de Fraunhoffer dans l'analogie avec la diffraction de Fraunhoffer. Dans cette région, les composantes du champ sont orthogonaux (figure A.5) (les champs E et H ont orthogonaux et en phases, et leur rapport vaut Z_0). Il existe une équipartition d'énergie entre l'énergie électrique et magnétique stockée [3].

Puisqu'il est assumé que l'énergie RF se propage à la même vitesse dans toutes les directions dans un milieu isotrope, la puissance coulant par n'importe quelle sphère imaginaire doit être la même.

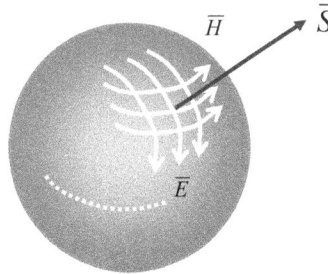

Figure A. 5- Représentation des champs dans la zone de Fraunhoffer

Dans cette figure, $\overline{S} = \overline{E} \times \overline{H}$ est le vecteur de Poyting. Sa partie réelle indique la direction et le sens de l'écoulement de l'énergie (densité de puissance).

De près, cette onde ressemble à une onde plane (c'est une onde dont les surfaces équiphase et équichamp sont des plans parallèles). La distribution angulaire des champs et de la densité de puissance est indépendante de la distance. Les champs électriques et magnétiques varient en $\dfrac{1}{r}$ et la densité de puissance varie en $\dfrac{1}{r^2}$.

II.3. Polarisation

La polarisation d'une onde électromagnétique (EM) est le type de trajectoire que décrit le champ E au cours du temps. Cette notion de polarisation s'applique aux ondes électromagnétiques EM et non pas aux phénomènes obtenus par interférences (créées par la présence simultanée dans l'espace de plusieurs rayonnements électromagnétiques à même fréquence : il y a création d'ondes stationnaires dans l'espace) [3-5]. Il existe trois types de polarisation :

- *Polarisation linéaire* : Le champ E n'a qu'une seule composante variant sinusoïdalement. Sa trajectoire est donc un segment de droite. Un dipôle génère classiquement une onde EM polarisée linéairement. Cette polarisation peut être horizontale, verticale ou oblique.

- *Polarisation circulaire* : Elle est btenue quand le champ E ne conserve pas une direction constante dans l'espace. Le champ E a deux composantes E_θ et E_φ de même amplitude et déphasées de 90°, son extrémité en un point de l'espace décrit un cercle.

- *Polarisation elliptique* : Elle correspond au cas général d'un champ E comprenant deux composantes E_θ et E_φ d'amplitudes et de phases quelconques. Dans ce cas, son extrémité en un point de l'espace décrit une ellipse.

III. Caractéristiques des antennes

Une antenne est caractérisée par différents paramètres qu'on peut classer soit en caractéristiques électriques soit en caractéristiques de rayonnement.

III.1. Caractéristiques électriques

III.1.1. Impédance d'une antenne

Si on considère une antenne comme une charge ayant un courant I_e à son entrée et une tension V_e à ses bornes, on obtient l'impédance de l'antenne en calculant le rapport [8] :

$$Z_e = \frac{V_e}{I_e} = R_0 + jX_0 \qquad\qquad (A\text{-}6)$$

L'impédance a donc une partie active (R_0) et une partie réactive (X_0). La partie active est reliée aux champs rayonnés et aux pertes joules [8].

III.1.2. Résistance de rayonnement

On considère que l'énergie rayonnée par une antenne est dissipée dans une résistance R_r dite résistance de rayonnement. La puissance rayonnée par l'antenne est fonction du courant à l'entrée et de cette résistance vue à l'entrée, R_r [2-5]. Soit alors :

$$P_r = \frac{1}{2} R_r I_e^2 \qquad\qquad (A\text{-}7)$$

La partie réelle de l'impédance de l'antenne s'obtient en additionnant R_r et la résistance R_d due aux dissipations par effet de joules :

$$R_0 = R_r + R_d \qquad\qquad (A\text{-}8)$$

Afin de maximiser l'importance des champs rayonnés, on a intérêt à avoir R_r la plus grande possible.

III.1.3. Pertes de retour, Coefficients de réflexion, ROS

La capacité d'une antenne d'accepter la puissance à partir d'une source (telle qu'un amplificateur) est déterminée par son impédance d'entrée. Pour transférer le maximum de puissance, cette impédance doit être bien adaptée avec l'impédance de la source [9-10]. Autrement dit, il faut que l'impédance d'entrée de l'antenne soit la conjuguée de l'impédance de la source. Cependant, essentiellement tous les amplificateurs et les autres sources RF présentent des impédances réelles (réactance nulle), avec la grande majorité ayant des impédances de 50 Ω [3].

Cette valeur n'est pas prise au hasard car l'antenne est généralement alimentée en énergie radiofréquence par une ligne d'impédance caractéristique Z_c, souvent un coaxial d'impédance caractéristique 50 Ω. Mais dans la plupart du temps, l'impédance d'entrée complexe de l'antenne diffère beaucoup de cette valeur ; ce qui cause la perte par effet de réflexion (pertes de retour) de l'énergie mise en jeu comme c'est traduit dans la figure (A.6) [3-5].

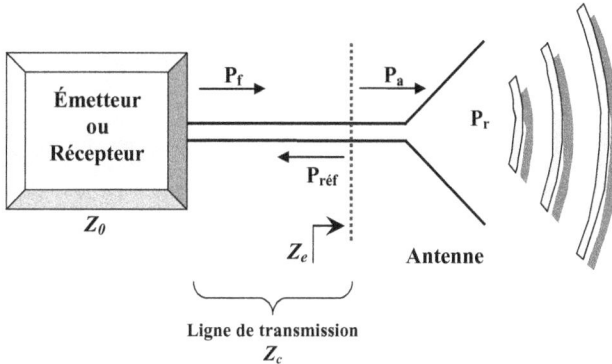

Figure A. 6- Bilan des puissances mises en jeu

Où :

- P_f : puissance fournie à l'antenne   - P_a : puissance acceptée par l'antenne
- P_r : puissance rayonnée par l'antenne   - $P_{réf}$: puissance réfléchie

On définit alors le coefficient de réflexion à l'entrée de l'antenne par [2-6] :

$$\Gamma_e \cong S_{11} = \frac{Z_e - Z_0}{Z_e + Z_0} \qquad\qquad (A\text{-}9)$$

Où Z_e est l'impédance d'entrée de l'antenne et Z_0 est l'impédance de la source. On peut aussi exprimer la puissance réfléchie en fonction du coefficient de réflexion, on aura :

$$P_{réf} = P_f \cdot \left| \Gamma_e \right|^2 \tag{A-10}$$

Ainsi, la puissance reçue par l'antenne est donnée par :

$$P_a = P_f - P_{réf} = P_f \left(1 - \left| \Gamma_e \right|^2 \right) \tag{A-11}$$

On définit encore le facteur de désadaptation $\eta_{désadaptation}$ par [6] :

$$\eta_{désadaptation} = 1 - \left| \Gamma_e \right|^2 = \frac{4 \left(\dfrac{Z_e}{Z_0} \right)}{\left(\dfrac{Z_e}{Z_0} \right)^2 + \dfrac{2\, Z_e}{Z_0} + 1} \tag{A-12}$$

Il est à noter que c'est une quantité qui s'étend de 0 à 1 avec 1 étant la valeur idéale, mais ce facteur est différent du rendement de l'antenne car il n'indique pas les pertes dissipées par effet de joules.

Maintenant on a :

$$P_r = P_f \; \eta_{désadaptation} \; \eta \tag{A-13}$$
où η est le rendement de l'antenne

Généralement, la qualité de l'adaptation de l'impédance d'entrée d'une antenne n'est souvent spécifiée ni par le coefficient de réflexion Γ ni par le facteur de désadaptation $\eta_{désadaptation}$ mais plutôt signalée par la perte de retour (« Return Loss » ou « Standinding Wave Ratio »). La perte de retour indique la quantité de la puissance incidente qui n'est pas réfléchie ou ne retourne pas d'une charge. Elle est donnée par :

$$R\,L = -10 \log_{10} \left(\left| \Gamma_e \right|^2 \right) = -20 \log_{10} \left(\left| \Gamma_e \right| \right) \tag{A-14}$$

On définit encore le rapport d'ondes stationnaires (ROS ou VSWR : Voltage Standinding Wave Ratio) qui est exprimé par [11] :

$$ROS = VSWR = \frac{V_{réfléchie}}{V_{incidente}} = \frac{1 + \left| \Gamma_e \right|}{1 - \left| \Gamma_e \right|} = \frac{1 + \left| S_{11} \right|}{1 - \left| S_{11} \right|} \tag{A-15}$$

C'est une quantité qui varie entre 1 à $+\infty$ puisque $0 \leq \left| \Gamma_e \right| \leq 1$. Le tableau (A.1) donne le pourcentage de la puissance réfléchie par l'antenne ainsi que les pertes de retour pour les valeurs particulières du *VSWR* [12].

Tableau A. 1- Puissance réfléchie et pertes de retour en fonction du VSWR

VSWR	Puissance réfléchie en %	Pertes de retour en dB
1.0 :1	0	0
1.25 :1	1.14	0.05
1.5 :1	4.06	0.18
1.75 :1	7.53	0.34
2 :1	11.07	0.51
2.25 :1	14.89	0.7
2.5 :1	18.24	0.88

III.1.4. Bande passante de l'antenne

Une antenne doit transmettre d'une façon correcte et aux performances nominales, les informations contenues dans une certaine bande de fréquences. Son comportement est à comparer à celui d'un filtre passe bande, mais la définition de la bande passante d'une antenne n'est pas identique à celle d'un filtre.

En effet, la définition de la bande d'utilisation fait intervenir des notions diverses. Elle peut être limitée par [2-5] :

- Le rapport d'onde stationnaire VSWR maximal admissible (désadaptation de l'antenne par rapport aux systèmes d'émission et / ou de réception), par exemple VSWR < 2 (RETURN LOSS< -10dB).
- La variation du gain de l'antenne.
- La déformation du diagramme de rayonnement en fonction de la fréquence.

La bande passante normalisée B_p est donnée en pourcentage comme c'est illustré par l'équation (II.16).

$$B_p(\%) = \frac{BW}{f_c} \times 100\% = \frac{f_h - f_b}{f_c} \times 100\% \qquad (A-16)$$

Où BW est la largeur de la bande, f_c est la fréquence centrale d'utilisation pour laquelle l'antenne est conçue, f_h et f_b sont les fréquences limites supérieures et inférieures (pour un VSWR donné).

III.2. Caractéristiques de rayonnement

III.2.1. Angle solide

Un élément d'angle solide $d\Omega$ dans une direction $\vec{u}$ est l'élément sous lequel on voit l'élément de surface ds comme illustré dans la figure (A.7) [3].

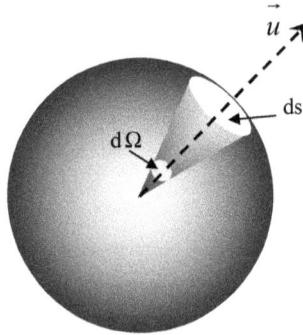

Figure A. 7- Angle solide

L'élément de surface ds s'écrit :

$$ds = r^2 \ d\Omega \tag{A-17}$$

Dans le cas d'une sphère, la surface sur une sphère sous tendue par l'angle solide est donnée par l'équation (A-18).

$$s = \int_0^{4\pi} r^2 \ d\Omega \ = \ 4 \ \pi \ r^2 \Rightarrow \Omega = 4\pi \tag{A-18}$$

En effet, comme $d\Omega = \sin\theta \ d\theta \ d\varphi$, l'angle solide dans le cas d'une sphère est déduit de l'équation (A-19).

$$\Omega = \int_0^{\theta=\pi} \int_0^{\varphi=2\pi} \sin\theta \ d\theta \ d\varphi = 4\pi \tag{A-19}$$

III.2.2. Intensité de rayonnement

La densité stéérique de puissance ou l'intensité de rayonnement est la puissance rayonnée par unité d'angle solide, elle est obtenue en multipliant la densité du flux du vecteur de Poynting $\vec{S}$ par r^2, dans une direction $\vec{u}$ définie par les deux angles (θ, φ) comme illustré par l'équation (A-20) [2-5].

$$U(\theta,\varphi)=\frac{dP_r}{d\Omega} = r^2 \vec{S} \qquad (A-20)$$

Ainsi la puissance rayonnée P_r (flux du vecteur de Poyting à travers une sphère de rayon r), est calculée à partir de l'équation (A.21).

$$P_r = \int_\Omega U(\theta,\varphi)\, d\Omega = \int_\Omega \frac{dP_r}{d\Omega}\, d\Omega \qquad (A-21)$$

III.2.3. Directivité

Une antenne ne rayonne pas uniformément dans toutes les directions. La variation de l'intensité de rayonnement en fonction de la direction dans l'espace est décrite par la fonction de directivité donnée par l'équation (A.22) [2-5].

$$D(\theta,\varphi) = \frac{\text{puissance rayonnée par untié d'angle solide}}{\text{puissance moyenne par untié d'angle solide}}$$
$$= \frac{dP_r/d\Omega}{P_r/4\pi} = 4\pi\frac{dP_r/d\Omega}{P_r} \qquad (A-22)$$

III.2.4. Antenne isotrope

On appelle antenne isotrope une antenne fictive rayonnant uniformément la même puissance P_r dans toutes les directions de l'espace, c'est-à-dire de la même manière sur une sphère de rayon r. Une telle antenne n'a pas de direction de propagation privilégiée, on dit qu'elle n'est pas directive.

La puissance rayonnée par unité d'angle solide d'une antenne isotrope est donnée par l'équation (A-23) [2-5].

$$P_{iso}(\theta,\varphi) = \frac{P_r}{4\pi}\ \ \left[W\right] \qquad (A-23)$$

L'antenne isotrope est intéressante pour le calcul théorique mais il est impossible de la réaliser en pratique. Elle sert souvent de référence par exemple dans le cas d'un dipôle élémentaire, la directivité s'exprime en fonction de cette puissance comme le montre l'équation (A-24).

$$D(\theta,\varphi) = \frac{dP_r/d\Omega}{P_{iso}} \qquad (A-24)$$

III.2.5. Gain en puissance et rendement

a. Rendement d'une antenne

Le rendement d'une antenne, appelé également facteur de gain de l'antenne, est défini par [13] :

$$\eta = \frac{P_r}{P_a} = \frac{P_r}{P_r + P_d} = \frac{R_r}{R_r + R_d} \qquad \text{(A-25)}$$

Avec $\eta \leq 1$

C'est donc le rapport entre la puissance totale rayonnée par l'antenne (puissance émise) et la puissance acceptée par l'antenne. Le rendement peut être exprimé en pourcentage ou en décibel (dB). Le rendement parfait correspond à une référence de 100 % ou de 0 dB. On peut classer l'appréciation de qualité d'une antenne suivant le rendement comme illustré par le tableau (A.2) [14].

Tableau A. 2- Qualité d'une antenne en fonction du rendement

Rendement η		Appréciation de la qualité de l'antenne
En %	**En dB**	
$\eta \prec 40$	-3.98	Mauvaise
$40 \leq \eta \leq 50$	$-3.98 \leq \eta \leq -3$	Moyenne
$50 \leq \eta \leq 65$	$-3 \leq \eta \leq -1.86$	Bonne
$\eta \succ 65$	$\eta \succ -1.86$	Très bonne

On définit aussi le facteur de qualité d'une antenne Q comme le rapport : réactance de l'antenne / résistance de l'antenne. On a intérêt à l'avoir le plus petit puisqu'il s'agit de la résistance de rayonnement qui doit être grande [2-5].

b. Gain absolu

Le gain absolu d'une antenne est donné par l'équation (A-26) [2-5].

$$G(\theta, \varphi) = 4\pi \frac{\text{puissance rayonnée par untié d'angle solide}}{\text{puissance acceptée}}$$

$$= 4\pi \frac{dP_r / d\Omega}{P_a} = \eta\, D(\theta, \varphi) \qquad \text{(A-26)}$$

c. Gain réalisé

Le gain réalisé d'une antenne est donné par l'équation (A-27) [2-5].

$$G_r(\theta,\varphi) = 4\pi \frac{\text{puissance rayonnée par untié d'angle solide}}{\text{puissance totale fournie}}$$

$$= 4\pi \frac{dP_r/d\Omega}{P_f} = 4\pi \frac{dP_r/d\Omega}{P_a/\eta_{\text{désadaptation}}} \tag{A-27}$$

$$= \eta_{\text{désadaptation}} \; G(\theta,\varphi) = \eta \; \eta_{\text{désadaptation}} \; D(\theta,\varphi)$$

III.2.6. Puissance isotrope rayonnée équivalente (P.I.R.E ou E.I.R.P) et P.A.R

On appelle puissance isotrope rayonnée équivalente d'une antenne, la puissance qu'il faudrait fournir à une antenne isotrope pour obtenir la même intensité de rayonnement dans une direction considérée (à la même distance) [2-5]. Donc si on considère une antenne de gain $G(\theta,\varphi)$ et alimentée par une puissance P_e, on aura :

$$U(\theta,\varphi) = 4\pi \frac{P(\theta,\varphi)}{P_e} = \frac{P(\theta,\varphi)}{P_{iso}} \tag{A-28}$$

La puissance isotrope rayonnée équivalente d'une antenne est alors donnée par l'équation :

$$\text{P.I.R.E} = P_e \; G(\theta,\varphi) \Leftrightarrow \text{P.I.R.E}_{dBw} = 10\log_{10}\left[P_e \; G(\theta,\varphi) \right] \tag{A-29}$$

Dans la direction optimale du lobe principal, le gain est maximum. Soit alors :

$$G_0 = \max(G(\theta,\varphi)) \Leftrightarrow \text{P.I.R.E} = P_e \; G_0 \tag{A-30}$$

De la même manière, la puissance apparente rayonnée (P.A.R. ou E.R.P) prend pour référence un dipôle ayant éventuellement un gain : $G_0 = 2.15\text{dB}_i$ (il est à noter que le gain est souvent donné en dB_i c'est-à-dire par rapport à l'antenne isotrope).

III.2.7. Diagramme de rayonnement

Une antenne est caractérisée dans l'espace par son diagramme de rayonnement impliquant les champs électromagnétiques rayonnés. Le diagramme de rayonnement montre en coordonnées tridimensionnelles (r. θ, φ) la variation des champs électromagnétiques. C'est aussi la représentation de $\dfrac{G(\theta,\varphi)}{G_0}$ ou $G(\theta,\varphi)$ en fonction de θ ou de φ sur un diagramme polaire ou rectangulaire [2-5]. Le diagramme de rayonnement d'une antenne directive a l'aspect décrit par la figure (A.8).

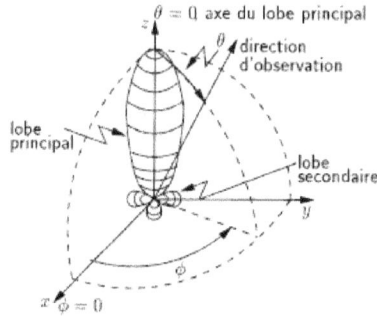

Figure A. 8- Diagramme de rayonnement typique

On voit bien que le diagramme de rayonnement est constitué d'un lobe principal et des lobes secondaires qui sont en principe indésirables pour une antenne directive. En général, plus on les réduits plus on renforce le lobe principal.

Généralement, on représente des vues de sections planes du diagramme de rayonnement au lieu du tracé en trois dimensions représenté par la figure (A.11). Les deux principales vues sont celles des diagrammes dans les plans E et H.

Le diagramme en plan E est une vue du diagramme de rayonnement obtenue à partir d'une section contenant la direction maximale du champ rayonné et le vecteur champ électrique. De la même manière, le plan H est obtenu à partir d'une section contenant la direction maximale du champ rayonné et le vecteur champ magnétique, ce plan est perpendiculaire au plan précédent [3].

On appelle angle d'ouverture, l'angle ψ sur lequel se produit l'essentiel du gain et il est généralement défini par rapport à : $\dfrac{G_0}{2}$ (-3 dB) sur le diagramme de rayonnement (figure A.9).

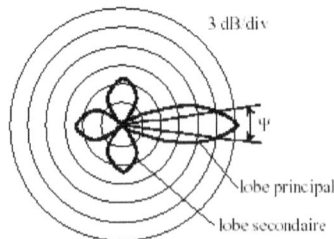

Figure A. 9- Angle d'ouverture à (-3 dB)

Cet angle est donné par [2-5]:

$$\psi = \frac{160°}{\sqrt{G_0}} \qquad\qquad\qquad (A\text{-}31)$$

Le tableau (A.3), montre les spécifications des antennes directives et omnidirectionnelles [3].

Tableau A. 3- Types d'antennes

Type	Caractéristiques	Usage
Antennes directives	- gain G élevé	- Faisceaux hertziens
	- angle d'ouverture ψ faible	- satellites
Antennes omnidirectionnelles	- gain plus ou moins constant dans le plan horizontal ou dans un secteur donné	- radio / TV
		- communications mobiles

IV. Antennes en Réception

Une antenne peut être utilisée indifféremment en émission ou en réception. Son impédance propre est la même quand elle travaille en émission et en réception. La distribution de puissance rayonnée dans l'espace en émission est identique à celle captée par cette antenne en réception [2-5].

IV.1. Surface équivalente

Un système de communication est constitué de deux antennes : une antenne émettrice et une antenne réceptrice qui sont séparées d'une distance r. L'antenne d'émission a un gain G_e et l'antenne de réception ayant une surface équivalente A_{eq} , capte une onde dont la densité de puissance vaut $p(r,\theta,\varphi)$ et délivre une puissance P_r (figure A.10) [5].

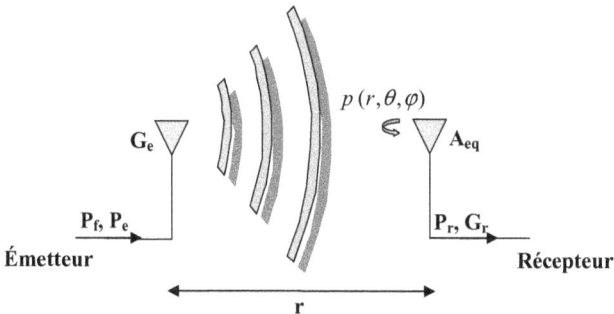

Figure A. 10- Schéma d'une liaison radioélectrique

La surface équivalente ou surface d'absorption de l'antenne est définie par [3-5] :

$$S_a(\theta,\varphi) = \frac{P_r}{p(r,\theta,\varphi)} \quad [m^2] \tag{A-32}$$

En raison de réciprocité, la surface équivalente est liée au gain de l'antenne de réception par la relation suivante :

$$S_a(\theta,\varphi) = \frac{\lambda^2}{4\pi} G(\theta,\varphi) \quad [m^2] \tag{A-33}$$

IV.2. Formule de Friis

D'après l'équation (A-32), si on connaît la surface équivalente d'une antenne et la densité de puissance reçue, on trouve immédiatement la puissance reçue. Cette puissance est souvent donnée par la formule de transmission de Friis qui a l'expression suivante [5,15]:

$$P_r = \frac{P_e\, G_e\, A_{eq}}{4\pi\, r^2} \tag{A-34}$$

Ou encore :

$$P_r = p(\theta,\varphi)\, S_a(\theta,\varphi) = \left(\frac{P_f\, G_e}{4\pi\, r^2}\right) \cdot \left(\frac{G_r\, \lambda^2}{4\pi}\right) = G_e\, G_r \left(\frac{\lambda}{4\pi\, r}\right)^2 P_f \tag{A-35}$$

Cette formule est valide si les deux antennes ont la même polarisation. Sinon, il faut multiplier par le facteur PLF (Polarization Loss Factor) qui est égal (pour les polarisations linéaires) à $cos^2\theta_p$; où θ_p est l'angle entre les directions de polarisation de l'antenne émettrice et de l'antenne réceptrice [15].

IV.3. Facteur d'antenne

Le facteur d'antenne est un paramètre très important dans l'étude des antennes réceptrices et qui permet en le multipliant par la tension de sortie d'une antenne d'obtenir ou de récupérer le champ incident électrique ou magnétique. Ainsi, le facteur d'antenne associé au champ électrique est donné par [3,16-18] :

$$AF^{électrique} = \frac{E_{incident}}{V_{reçu}} \quad \frac{1}{mètre} \tag{A-36}$$

et le facteur d'antenne associé au champ magnétique par :

$$AF^{électrique} = \frac{H_{incident}}{V_{reçu}} \quad \frac{Siemens}{mètre} \tag{A-37}$$

L'ambiguïté dans la spécification du facteur d'antenne est la dépendance de la tension de sortie de l'antenne de la charge qui lui est reliée (figure A.11).

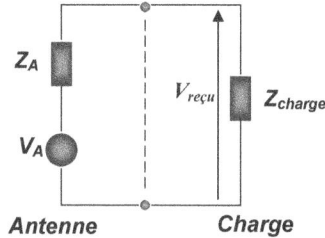

Figure A. 11- Schéma équivalent d'une antenne réceptrice

Dans cette figure, Z_A est l'impédance équivalente de Thévenin de l'antenne, V_A la tension aux bornes de l'antenne sans charge et Z_{charge} l'impédance d'entrée du récepteur. Cependant, Z_{charge} est généralement $50\,\Omega$ pour la plupart des récepteurs RF, c'est pourquoi le facteur d'antenne est défini souvent en assumant que l'antenne est reliée à une charge de 50Ω.

Normalement, l'échelle logarithmique en déciBels est prévue pour les quantités sans dimensions telles que le gain en tension ou en courant d'un amplificateur par exemple.

Cependant, le facteur d'antenne diffère du gain ou de la directivité de l'antenne (ou du gain en tension) puisqu'il n'est pas une quantité sans dimensions. Il a des unités de 1/m dans le cas du facteur d'antenne associé au champ électrique et des unités de S/m dans le cas du facteur d'antenne associé au champ magnétique. Pour cela sa valeur en dB est toujours référée à un facteur d'antenne de 1 V/m par volt ou de 1/m dans le cas du facteur d'antenne du champ électrique et 1 A/m par volt ou de 1 S/m dans le cas du facteur d'antenne du champ magnétique [16-18].

Ainsi, le facteur d'antenne du champ électrique est souvent exprimé en dB (1/m) qui doit être pris pour signifier qu'il est référencé à un facteur d'antenne de 1/m [16-18]. C'est-à-dire, une antenne avec un facteur d'antenne du champ électrique de 6 dB référencé à un facteur d'antenne de 1/m produira une tension de sortie de 0.5 volt pour un champ incident de 1 V/m. Ceci est parfois écrit en tant que 6 dB 1/m ou parfois en tant que 6 dB/m. Il est à noter que le facteur d'antenne inclut les pertes de désadaptation dans l'antenne et son équipement associé (circuit d'accord) mais ne tient pas compte de l'utilisation du câble coaxial (souvent utilisé pour relier l'antenne au récepteur). Si on tient compte des pertes de transmission dans le câble, on aura :

$$E_{incident} = V_{reçu}\, AF^{\text{électrique}}\, C_A \qquad\qquad (A\text{-}38)$$

ou encore :

$$E_{incident}(dB\,\mu V/m) = V_{reçu}(dB\,\mu V) + AF(dB\,1/m) + C_A(dB)\qquad(A\text{-}39)$$

Où C_A est le facteur de pertes de la ligne de transmission ayant l'expression suivante :

$$C_A = e^{\alpha L}\qquad(A\text{-}40)$$

Avec α l'atténuation dans le câble en nepers/m et L la longueur du câble en m (mètre). On peut aussi exprimer le facteur d'antenne en fonction de la surface équivalente de l'antenne. En effet, on aura :

$$AF = \sqrt{\frac{Z_0}{Z_{charge}\,S_a}}\qquad(A\text{-}41)$$

Avec Z_0 l'impédance caractéristique du vide qui vaut $\approx 376.7\,\Omega$ et S_a est exprimée par :

$$S_a = \eta_{désadaptation}\,\eta\,S_{a_0}\qquad(A\text{-}42)$$

Dans cette expression, $\eta_{désadaptation}$ est le facteur de désadaptation, η est le rendement de l'antenne et S_{a_0} est la surface équivalente maximale de l'antenne réceptrice ($\eta = 1$). On peut aussi déduire l'expression du facteur d'antenne en fonction du gain puisqu'on a [6] :

$$S_a = \frac{\lambda^2}{4\,\pi}\,G_0\,\eta_{désadaptation} = \frac{\lambda^2}{4\,\pi}\,G_0'\qquad(A\text{-}43)$$

Où G_0 correspond au gain maximum de l'antenne. En choisissant $Z_{charge} = 50\,\Omega$, on obtient :

$$AF = \frac{9.73}{\lambda\,\sqrt{G_0'}}\qquad(A\text{-}44)$$

La valeur de cette expression en dB est :

$$AF = 20\log_{10}\left(\frac{9.73}{\lambda\,G_0'}\right)\qquad(A\text{-}45)$$

V. Conclusion

Dans cet annexe, nous avons présenté les définitions des caractéristiques fondamentales des antennes. Nous avons vu que le rendement d'une antenne et le facteur de désadaptation affectent la capacité d'une antenne de produire des rayonnements dans la zone des champs lointains. Ainsi pour concevoir une antenne, il faut faire attention à son adaptation et tenir en compte de toutes ses caractéristiques.

Bibliographie

[1]   R. Badoual, "*Les micro-ondes, II- Composants, antennes, fonctions, mesures*", Collection Technologies, MASSON, 1984.

[2]   P. F. Combes, "*Les micro-ondes, 2. Circuits passifs, propagation, antennes*", Science sup, DUNOD, Paris, 1997.

[3]   C. A. Balanis, "*Antenna Theory: Analysis and Design*", 2nd Edition, New York: John Wiley & Sons, Inc., 1997.

[4]   S. Silver, "*Microwave antenna theory and design*", 1st Edition, New York: McGraw-Hill Book company, Inc., 1949.

[5]   R. Johnson, "*Antenna Engeneering Handbook*", 3ième Edition, New York: McGraw-Hill, Inc., R.R. Donnelly & Sons Company, 1993.

[6]   J. M. Lean, R.Sutton, R. Hoffman, "Interpreting Antenna Performance Parameters for EMC Applications", Application Note, TDK RF Solutions

[7]   R. Brault, R. Piat, "Les antennes", Editions Techniques et scientifiques Françaises, 12ième édition, Juin 87.

[8]   Z. N. Chen, "Note on impedance characteristics of L-shaped wire monopole antenna", *Microwave and Optical Technology Letters*, Vol. 26, No. , pp. 22-23, July 2000.

[9]   M. S. Karoui, M. A. Skima, H. Ghariani, M. Samet, "Matching loop antenna to the transmetter-receptor module", *Conférence Internationale JTEA 06*, Tunisie, Mai 2006.

[10]   M. S. Karoui, M. A. Skima, H. Ghariani, M. Samet, "S parameters extraction of multi-port network using PSPICE" , *Conférence Internationale JTEA 06*, Tunisie, Mai 2006.

[11]   M. A. Skima, H. Ghariani, M. S. Karoui, "Etude et conception de système de caractérisation des signaux radiofréquence en émission et réception", *International Conference: Sciences of Electronic, Technologies of Information and Telecommunications, SETIT 04*, Tunisia, March 2004.

[12]   S. R. Best, "Antenna properties and their impact on Wireless System Performance", Cushcraft Communications Antennas, © 1998 Cushcraft Corporation

[13]   Y. Huang, R. M. Narayanan, G. R. Kadambi, "Electromagnetic Coupling Effects on the Cavity Measurement of Antenna Efficiency", *IEEE Transactions on Antennas and Propagation*, Vol. 51, No. 11, pp. 3064-3071, November 2003

[14]   N. Bui-Hai, "*Antennes micro-ondes, applications aux faisceaux hertziens*", MASSON, $3^{\text{ième}}$ trimestre 1978.

[15]   Z. Popovié, E. F. Kuester, "Principles of RF and Microwave Measurements", Lecture Notes for ECEN 4634, 2001.

[16]   R. P. Mays, "A Summary of the Transmitting and Receiving Properties of Antennas", *IEEE Antennas and Propagation Magazine*, Vol. 42, No. 3, pp. 49-53, June 2000.

[17]   A. A. Smith, "Standard-site method for determining antenna factors", *IEEE Transactions on Electromagnetic Compatibility"*, Vol. EMC-24, No. 3, pp. 316-322, August 1982.

[18]   S. Ishigami, H. Takashi, T. Iwasaki, "Measurements of Complex Antenna Factor by the Near-Field 3-Antenna Method", *IEEE Transactions on Electromagnetic Compatibility*, Vol. 38, No. 3, pp. 424-432, August 1996.